岩层控制的松散层拱结构研究

汪　锋　许家林　陈绍杰　著

国家自然科学基金（52274129、51904162）

山东省泰山学者工程专项经费

山东省高等学校青创科技支持计划（2022KJ320）

贵州省科技计划项目（黔科合支撑〔2023〕一般247）

山东省自然科学基金（ZR2018BEE001）

中国博士后科学基金（2020M682208）

U0303096

科学出版社

北　京

内 容 简 介

本书系统研究了岩层控制的松散层拱结构，主要内容包括松散层拱结构定义、形成机理、形成条件、承载性能、失稳判据、形态特征和时空演化规律；阐明了松散层拱结构对松散层载荷传递、采动覆岩破断失稳、采动覆岩和地表移动变形的影响；叙述了松散层拱结构在厚松散层矿区关键层判别、采场矿压控制和地表沉陷控制等方面的工程应用。

本书可供从事采矿工程、矿山安全、地质工程、环境工程及岩石力学与工程等专业的科技工作者、研究生和本科生参考使用。

图书在版编目（CIP）数据

岩层控制的松散层拱结构研究 / 汪锋，许家林，陈绍杰著. —北京：科学出版社，2024.3
ISBN 978-7-03-077619-8

Ⅰ. ①岩… Ⅱ. ①汪… ②许… ③陈… Ⅲ. ①岩层控制–研究 Ⅳ. ①TD325
中国国家版本馆 CIP 数据核字（2024）第 016688 号

责任编辑：刘翠娜　崔元春 / 责任校对：王萌萌
责任印制：吴兆东 / 封面设计：无极书装

科学出版社 出版
北京东黄城根北街 16 号
邮政编码：100717
http://www.sciencep.com

北京中石油彩色印刷有限责任公司印刷
科学出版社发行　各地新华书店经销
*
2024 年 3 月第 一 版　开本：720×1000 1/16
2025 年 2 月第二次印刷　印张：10 1/4
字数：206 000
定价：108.00 元
（如有印装质量问题，我社负责调换）

前　言

我国部分矿区煤系地层中广泛赋存厚松散层，松散层为第四系与新近系，主要由尚未固结硬化的土、砂、砾石、卵石构成，其力学性质和移动规律与随机介质最为接近。厚松散层下煤炭资源高强度开采引起的工作面压架、突水和地表大面积塌陷时有发生，严重威胁人民群众的生命财产安全、社会和谐稳定、地表大规模工程建设和社会经济高质量发展。

煤炭开采引起的采动损害与生态环境问题都与岩层移动有关，认清岩层移动规律的关键在于揭示采动覆岩承载结构形式及其运动规律。采动覆岩承载结构是岩层移动过程中对岩层破断运动起控制作用的一种力学承载结构。采动覆岩承载结构周期性变化会对采动覆岩位移场、裂隙场、应力场和采场矿压的演化规律产生影响。在厚松散层下煤炭开采过程中，松散层颗粒间产生不均匀位移并逐渐形成了既能在松散层不同区域颗粒间传递载荷，又能对采场上覆岩层发挥承载作用，同时又对采场起到保护作用的承载结构，即松散层拱结构。松散层拱结构是基于随机介质力学模型提出的一种松散层中的采动覆岩承载结构。

岩层控制的松散层拱结构是在砌体梁理论和关键层理论的基础上发展而形成的一种松散层中的承载结构。长期以来研究采动覆岩承载结构时只考虑基岩中的承载结构、演化规律和稳定特征及其对岩层运动和破断失稳的影响机理，而将松散层简化为均布载荷作用于基岩顶界面，忽略了松散层中的承载结构。松散层拱结构的提出为厚松散层矿区煤炭开采岩层运动和灾害防控提供理论基础，对完善采动覆岩承载结构模型、丰富矿山压力与岩层控制理论具有显著的理论价值和实践意义。

全书共分为 7 章。第 1 章阐明了松散层拱结构研究意义，归纳总结了松散层下采煤岩层控制研究成果，介绍了松散层拱结构研究框架和本书内容；第 2 章介绍了松散层拱结构定义，揭示了松散层拱结构形成机理，确定了松散层拱结构特征方程，明确了松散层拱结构形成条件；第 3 章介绍了松散层拱结构承载力学模型及承载内力分布特征，获得了松散层拱结构稳定性和失稳判据，提出了松散层拱结构压密注浆加固方法；第 4 章介绍了松散层相似材料配制和物理力学性质，揭示了松散层拱结构形态特征和时空演化；第 5 章介绍了松散层拱结构载荷传递效应，明确了松散层拱结构对覆岩载荷分布的影响规律，确定了基于松散层拱结构的松散层载荷折减系数；第 6 章介绍了松散层拱结构对采动覆岩破断失稳的影响，设计了基于松散层拱结构的关键层破断判别程序，建立了厚松散层矿区工作面"支架－围岩"力学模型；第 7 章介绍了松散层拱结构对采动覆岩运动的影响，揭示了松散层拱结构对地表塌陷的影响机理，提出了厚松散层矿区地表塌陷防治技术。

本书参考和借鉴了国内外有关松散层下采煤岩层控制方面的文献，在此对文献的作者表示感谢。

本书的出版得到了国家自然科学基金（52274129、51904162）、山东省泰山学者工程专项经费、山东省高等学校青创科技支持计划（2022KJ320）、贵州省科技计划项目（黔科合支撑〔2023〕一般 247）、山东省自然科学基金（ZR2018BEE001）、中国博士后科学基金（2020M682208）的资助，在此表示感谢。

受作者水平所限，书中难免存在不足之处，敬请同行专家学者和读者指正。联系电子邮箱：wangfeng@sdust.edu.cn。

作　者

2023 年 9 月于青岛

目　　录

第1章 绪　　论

1.1　松散层拱结构研究意义

煤炭开采引起的采动损害与环境问题都与岩层移动有关[1-3]，对岩层移动规律缺乏科学认识常常会诱发煤矿灾害性事故，造成重大的人员伤亡和经济损失[4, 5]。认清采场上覆岩层移动规律的关键在于揭示采动覆岩承载结构形式及其运动规律。采动覆岩承载结构是岩层移动过程中对岩层破断运动起控制作用的一种力学承载结构。工作面回采过程中，采动覆岩承载结构周期性失稳并逐渐向上部发展，控制了其上覆岩层下沉和变形，同时将上覆岩层载荷向采空区四周转移，减小了其下伏岩层受力和采场矿压。采动覆岩承载结构周期性变化会对采动覆岩位移场、裂隙场、应力场和采场矿压的演化规律产生影响。

采动覆岩承载结构研究过程中形成了大量的假说和理论，具有代表性的可以分为两类：一类是以拱或壳为承载结构的假说[6, 7]，如压力拱；另一类是基于梁或者板力学结构提出的，如悬臂梁假说[8]、铰接岩块假说[8]、砌体梁理论[9]、传递岩梁理论[10]和关键层理论[11]等。已有的基于梁或者板力学结构提出的假说和理论研究的重点集中于具有较强承载能力的基岩中，只考虑基岩中的承载结构形式及破断对岩层运动的影响，研究时均将上覆松散层简化为均布载荷作用于基岩顶界面而忽略了其内部承载结构。

煤系地层中松散层为第四系与新近系，由土、砂、砾石、卵石组成，是由地表岩石经物理化学风化、剥蚀成岩屑、黏土矿物及化学溶解物，又经搬运和沉积等地质作用后，形成的尚未固结硬化成岩的疏散沉积物，这些疏散沉积物称为松散层。按照松散层的构成，可将其划分为砾石类、沙土类、黏土类、黄土类、淤泥土和膨胀土六组[12, 13]。常用的"表土层""风积沙""沙土层""黄土层""冲积层""洪积层""残积层"等均为松散层。由于我国煤炭资源丰富、分布广泛，煤系地层中松散层和基岩的厚度分布不均，部分矿区分布着厚松散层，如东北地区的沈阳矿区、鹤岗矿区、双鸭山矿区松散层厚度最大超过230m；华北地区的开滦矿区、邢台矿区松散层厚度最大超过540m；华东地区的淮南矿区、淮北矿区、兖州济宁矿区、徐州矿区松散层厚度最大超过750m；华中地区的平顶山矿区、永夏矿区、焦作矿区松散层厚度最大超过520m。以兖州济宁矿区为例，南屯煤矿、兴隆庄煤矿、鲍店煤矿等 53 个煤矿松散层厚度最大为 753m，最小为 95m，平均为 297m，如图 1-1 所示。

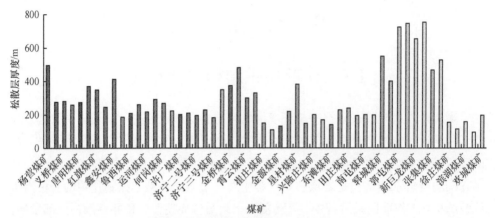

图 1-1　兖州济宁矿区煤矿松散层厚度

厚松散层条件下，研究采动覆岩承载结构时仅考虑基岩中承载结构破断对上覆岩层移动的影响显然并不全面，还应研究松散层中的承载结构及其对上覆岩层运动的影响，尤其是部分矿区松散层厚度显著大于基岩厚度的地质条件，如皖北祁东煤矿 6_1 煤层 21 个钻孔揭露的松散层与基岩厚度比值最大值为 11.8，平均值为 4.5；7_1 煤层 32 个钻孔揭露的松散层与基岩厚度比值最大值为 15.3，平均值为 4.5，如图 1-2 所示。事实上，当松散层厚度满足一定条件时，松散层在移动变形过程中能够形成松散层拱结构，松散层拱结构是基于随机介质力学提出的一种松散层中的力学承载结构，既能在松散层不同区域颗粒间传递载荷，又能对采动覆岩发挥承载控制作用。

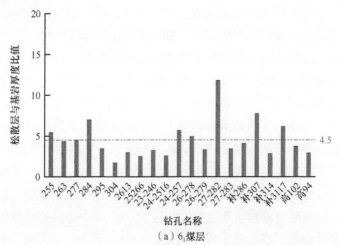

（a）6_1煤层

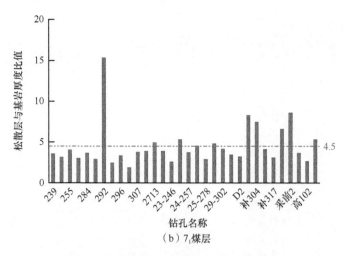

（b）7_1 煤层

图 1-2　皖北祁东煤矿松散层与基岩厚度比值

为适应地层赋存特征，针对松散层非连续介质力学性质，提出岩层控制的松散层拱结构，重点研究松散层拱结构形成机理、形成条件、承载特性，明确松散层拱结构形态特征与时空演化规律，建立松散层拱结构承载力学模型，揭示松散层拱结构对采动覆岩移动变形和破断失稳的影响机理，对完善松散层拱结构具有十分重要的意义。岩层控制的松散层拱结构是对砌体梁理论和关键层理论的发展，同时对完善采动覆岩承载结构模型，丰富矿山压力和岩层控制理论具有显著的理论价值和工程实践意义，尤其是给厚松散层下矿山压力与岩层控制研究提供理论基础。

1.2　松散层下采煤岩层控制研究综述

1.2.1　松散层下采煤岩层控制理论研究

地下煤炭资源开采时常常会引起工作面上覆岩层产生变形直至发生破断，引起岩层运动导致矿山压力显现。为了解释采矿过程中的矿山压力显现现象，国内外学者提出了众多采动覆岩承载结构模型、假说和理论[6-11]，如悬臂梁假说、压力拱假说、铰接岩块假说、预成裂隙假说、砌体梁理论、传递岩梁理论和关键层理论等，如图 1-3 所示。悬臂梁假说、压力拱假说、铰接岩块假说、预成裂隙假说分别从不同角度解释了矿山压力显现现象，但均没有建立完整的力学模型，而铰接岩块假说和预成裂隙假说的提出，为我国采动覆岩承载结构理论的建立奠定了基础。

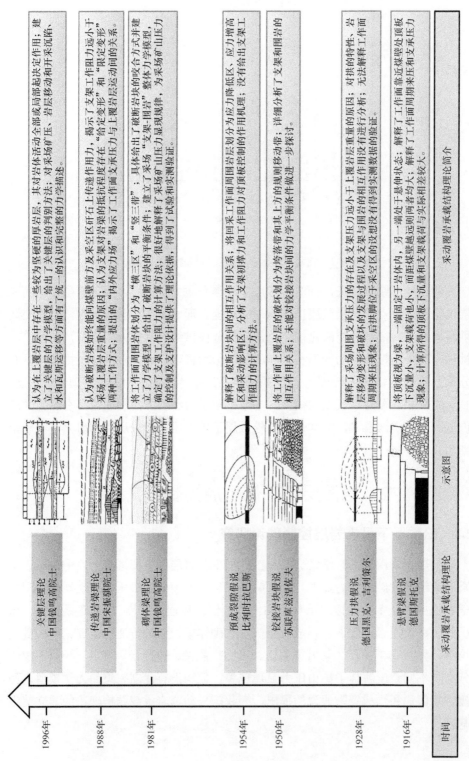

图 1-3 采动覆岩承载结构模型发展

1981 年，钱鸣高院士[9]在大量生产实践和对岩层内部移动规律现场观测的基础上，提出了砌体梁理论，建立了采场整体力学模型。1988 年，宋振骐院士[10]提出了传递岩梁理论。随着对岩层控制科学研究的不断深入，钱鸣高院士等[11]于 1996 年提出了岩层控制的关键层理论，关键层理论的提出实现了采场矿压、岩层移动和开采沉陷、水和瓦斯运移、采动应力演化等方面研究的统一。

针对松散层中的承载结构，1879 年 Ritter[14]在观察浅埋隧道围岩受力状态时发现当隧道埋深大于一定值后，上覆松散层对隧道的影响减小甚至不再产生影响，认为松散层中存在对上覆岩层起到承载作用的力学结构。随后 Engesser[15]、Fayol[16]、Terzaghi[17]分别提出了在几乎没有黏聚力的土体中存在拱效应。Handy[18]首次描绘出拱形近似于悬链线的主应力流线。Protodyakonov[19]推导出散体中拱轴线方程符合抛物线规律，得出拱的跨度和高度。贾海莉等[20]指出土拱的形成是土体在力的作用下产生不均匀位移，调动自身抗剪强度以抵抗外力的结果，土体中沿最大主应力方向的迹线就是土拱轴线。黄庆享[21]在研究神东矿区浅埋厚砂土层采动破坏特征的基础上，提出了初次来压的"非对称三铰拱"结构模型。此外，国内外众多专家对松散层颗粒介质应力传递规律[22-43]进行了理论研究，为松散层中承载结构的提出奠定了基础。

针对松散层中的承载结构，作者及研究团队[44-49]在散体力学和结构力学的基础上，提出了松散层拱结构，并对松散层拱结构开展了系统深入研究，明确了松散层拱结构定义、形态特征、形成条件、承载性能、失稳判据和时空演化规律，为进一步完善采动覆岩承载结构模型、丰富和发展矿山压力与岩层控制理论提供了理论基础。

1.2.2　松散层下采煤覆岩破断失稳特征研究

针对神东矿区厚松散层条件，侯忠杰[50]分析了厚松散层下浅埋煤层覆岩关键层的组合效应及松散层厚度与覆岩稳定性间的关系，指出厚松散层下浅埋煤层开采组合关键层不会发生回转失稳而只存在滑落失稳并导致采动覆岩全厚度切落。黄庆享[51]建立了神东矿区厚松散层"卸荷拱"结构模型，得到了厚松散层载荷传递因子的计算公式，为浅埋煤层工作面顶板控制提供了基础。李福胜等[52]将松散层视为载荷层，建立了基本顶初次破断后三角拱力学模型，研究了基载比（基岩和松散层厚度比值）对厚松散层薄基岩工作面覆岩稳定性及采场矿压的影响规律，为支架选型提供了依据。薛东杰等[53]提出采动裂隙柱式结构并揭示了柱式结构形成机理，指出拉裂式崩塌失稳、滑移失稳和倾覆失稳三种柱式结构失稳模式。

针对两淮矿区厚松散层条件，杜锋等[54]建立了厚松散层薄基岩综放开采条件下松散层拱力学模型，分析了基本顶结构的稳定性，揭示了覆岩破断机理及工作面矿压显现规律。张通等[55]研究了厚松散层矿区深部煤炭开采采场裂隙带空间分布特征，揭示了工作面矿压显现规律与工作面覆岩裂隙带分布特征的相关性。杨科等[56]研究了厚松散层下工作面覆岩运移与"支架—围岩"的关系，指出当基载比小于 0.1 时，支架工作阻力和顶板下沉量的关系曲线呈双曲线特征；当基载比大于 0.1 时，关系曲线接近线性特征。侯俊岭等[57]研究了厚松散层采场围岩三维力学特征，指出厚松散层工作面矿压显现与基采比（基岩厚度与采高的比值）相关，随着基采比增大，采场矿压趋于缓和。

　　针对鲁西矿区厚松散层条件，马立强等[58]通过数值模拟研究揭示了厚松散层薄基岩条件下工作面覆岩台阶下沉机理，确定了工作面支架工作阻力，指导了龙固煤矿厚松散层大采高综放工作面顶板控制。针对焦作矿区厚松散层条件，李江华等[59]指出厚松散层薄基岩条件下受松散层载荷传递影响工作面顶板易发生关键层复合破断，得到了厚松散层下覆岩载荷传递效应和覆岩破坏特征。

　　针对晋东南矿区厚松散层条件，李宏斌等[60]分析了厚松散层大采高综采工作面矿压显现规律，指出工作面周期来压明显，来压步距具有不同步性，且工作面中部来压步距比上、下部小，在此基础上进行了支架适应性评价。方新秋等[61]通过数值模拟研究了松散层厚度、基岩结构稳定性和采场矿压之间的联系，指出松散层厚度越大，成拱性越好，基岩结构越稳定，矿压显现越不明显。

　　作者及研究团队[44, 48, 49]在松散层拱结构力学模型的基础上，建立了松散层拱结构下关键块稳定性力学模型，揭示了松散层拱对采动覆岩稳定性的影响规律，得到了松散层拱下关键块回转变形失稳和滑落失稳力学判据，在此基础上建立了支架—围岩力学模型，得到了工作面支架工作阻力的确定方法，成功指导了淮南和鲁西矿区工作面矿压控制。

1.2.3　松散层下采煤覆岩与地表移动规律研究

　　在厚松散层矿区覆岩运动和地表沉陷特征方面，左建平等[62-66]提出了厚松散层覆岩移动的"类双曲线"模型。李德海等[67-69]指出厚松散层矿区地表下沉值变化快，地表下沉速度快，下沉剧烈且地表下沉范围增加明显，地表下沉衰退期下沉量小但持续时间长。刘义新等[70, 71]指出厚松散层下煤炭开采地表沉陷具有自我调节特性，地表下沉曲线关于采空区中央对称，走向和倾向均呈双向对称性，地表移动盆地边界收敛缓慢，出现长距离的缓慢下沉带。陈俊杰等[72, 73]指出厚松散层下采煤地表移动变形剧烈，地表易出现剧烈的非连续变形，充分采动时地表下沉系数最大可达 1.0。

在厚松散层矿区地表沉陷规律预计方面，程桦等[74]和彭世龙等[75]基于概率积分法和土体固结理论，给出厚松散层薄基岩煤层开采和底含疏水共同作用覆岩移动变形计算公式。张文泉等[76]在分析厚松散层矿区地表最大下沉值和下沉系数变化规律的基础上，建立了最大下沉值综合函数表达式，指导了厚松散层薄基岩下条带开采地表沉陷预计。安士凯等[77]建立了厚松散层矿区地表移动持续时间预测方法。此外，部分专家在厚松散层矿区地表沉陷规律实测的基础上，通过修正概率积分法[78-82]和克诺特（Knothe）时间模型[83-85]、建立误差逆传播网络（back propagation of errors network，又称为 BP 神经网络）模型[86, 87]、逻辑斯谛（logistic）函数模型[88-91]、玻尔兹曼（Boltzmann）函数模型[92]等方法对地表沉陷规律进行了定量预计。厚松散层矿区煤炭开采覆岩运动特征及地表沉陷规律主要表现为采动影响敏感、下沉剧烈、下沉系数和下沉速度大[93-99]。

作者及研究团队[45, 47, 49]在松散层拱结构形态特征及时空演化规律的基础上，通过现场实测和模拟实验分析了鲁西矿区厚松散层下煤炭开采覆岩运动规律，指出随着松散层拱的跨度和高度逐渐增大，地表下沉速度呈现周期性变化；当松散层拱的高度超过松散层厚度时，松散层拱失稳破坏，地表下沉速度达到最大值；当松散层拱消失后，地表下沉速度逐渐减小；此外揭示了厚松散层矿区煤炭开采地表塌陷机理，并提出了地表塌陷控制方法。

1.3 松散层拱结构研究框架和本书内容

1.3.1 松散层拱结构研究框架

针对厚松散层条件下采煤岩层控制与灾害防控需求，对岩层控制的松散层拱结构开展了深入系统研究，并将相关研究成果应用到厚松散层矿区岩层控制实践中，本书是对相关研究工作的系统梳理和全面总结，松散层拱结构的研究框架如图 1-4 所示。

1.3.2 本书内容和主要学术观点

1）明确了松散层拱结构定义和形成条件

基于松散层非连续介质力学特性和散体力学基本理论，明确了松散层拱结构定义，揭示了松散层拱结构形成机理；建立了松散层拱结构力学模型，得到了松散层拱结构形态特征方程、矢跨比方程、厚度方程，揭示了松散层力学特性对松散层拱结构矢跨比和厚度的影响规律；考虑松散层厚度、基岩厚度、工作面开采参数，确定了松散层拱结构形成条件。

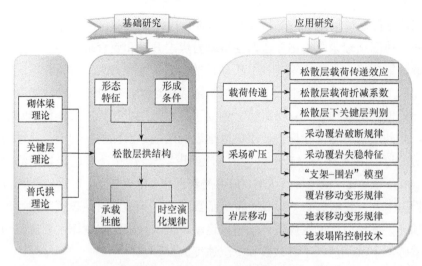

图 1-4　松散层拱结构研究框架

2）确定了松散层拱结构承载性能和失稳判据

建立了松散层拱结构承载二维和三维力学模型，解译了松散层拱结构承载时截面轴力、弯矩、剪力等内力分布特征，揭示了侧压系数、上覆载荷、松散层拱结构矢跨比对松散层拱结构内力分布的影响规律；分析了松散层拱结构承载时拱顶、拱肩、拱基合力分布，揭示了松散层拱结构承载稳定性特征，得到了松散层拱结构失稳判据，提出了压密注浆加固松散层拱结构提高其稳定性方法。

3）解译了松散层拱结构形态特征和时空演化规律

基于松散层力学性质实验室测试结果，得到了物理模拟中松散层的力学性质，确定了模拟松散层特性的相似材料配比；开展了松散层拱结构演化规律的物理模拟实验，分析了松散层拱结构影响下采动覆岩主应变场时空演化规律，揭示了基于采动覆岩主应变场的松散层拱结构形态发育特征和时空演化规律。

4）揭示了松散层拱结构对松散层载荷传递的影响规律

通过物理模拟和数值模拟，分析了松散层拱结构时空演化过程中关键层顶界面载荷分布与演化规律，揭示了松散层拱结构的载荷传递效应；提出了用二次抛物线函数和三参数的韦布尔（Weibull）函数定量表征关键层顶界面载荷方法，建立松散层载荷折减系数计算模型，得到了松散层载荷折减系数的计算公式；优化了厚松散层矿区采动覆岩关键层结构判别方法，进行了厚松散层矿区采动覆岩导水裂隙带高度预测实践。

5）建立了松散层拱结构下采动覆岩破断失稳力学模型

建立了松散层拱结构影响下采动覆岩破断失稳力学模型，得到了关键层初次破断和周期破断时挠度和截面内力及砌体梁稳定特征解析表达式，确定了关键层初次和周期破断距及砌体梁滑落失稳和回转变形失稳判据；开发了基于松散层拱结构的关键层破断计算软件，实现了关键层破断特征自动分析；建立了厚松散层条件下工作面"支架－围岩"力学模型，得到了工作面支架工作阻力的计算公式，确定了祁东煤矿 $7_1$30 工作面支架工作阻力，进行了煤矿厚松散层下采煤压架突水灾害防治实践。

6）揭示了松散层拱结构对覆岩和地表移动变形的影响规律

分析了松散层拱结构对采动覆岩及地表移动变形的影响规律，揭示了厚松散层矿区地表塌陷机理；确定了厚松散层矿区岩层移动模拟的等值加载原则；提出了厚松散层下采煤条带充填开采控制地表塌陷技术，确定了厚松散层下采煤条带充填开采技术参数，进行了厚松散层下采煤地表塌陷灾害防治实践。

第 2 章　松散层拱结构定义和形成条件

2.1　松散层拱结构形成机理

2.1.1　松散层拱结构定义

厚松散层下煤炭开采过程中，采场上覆松散层颗粒间产生不均匀移动，在上覆松散层载荷作用下松散层颗粒中形成了主要承受轴向压应力，同时向两侧支座传递推力的曲线或者折线的杆形结构。这种既能在松散层不同区域颗粒间传递载荷又能对采动覆岩发挥承载作用，同时对采场起到保护作用的承载结构就是松散层拱。松散层拱主要由松散层拱的拱体和拱基处的支座组成。松散层拱的拱体主要承受轴向压应力，而拱基处的支座可以同时承载垂直压应力、水平推力和弯矩作用。松散层拱是基于随机介质力学提出的一种松散层中的力学承载结构。

2.1.2　松散层主应力分布特征

在平面应力状态下，除可以通过解析法计算得出平面主应力外，还可以通过图解法来求平面应力，即莫尔应力圆法。莫尔应力圆的圆心角是计算平面应力时单元体实际平面夹角的两倍，缺乏直观感，因而采用极坐标表示平面的正应力和切应力的应力图如图 2-1 所示，图中曲线 I 表示极坐标下不同角度截面上的正应力分布，曲线 II 表示切应力分布。下面通过分析散体中任意一点的应力状态分析松散层拱的形成机理[100]。

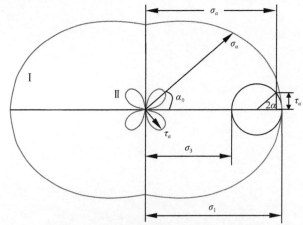

图 2-1　极坐标应力图中平面应力分布

σ_α-正应力；α_0-斜截面与最大主应力间夹角；τ_α-切应力；σ_3-最小主应力；σ_1-最大主应力

如图 2-2 所示，aa' 为基岩顶界面，受松散层自身黏聚力以及摩擦力作用，上覆松散层移动时形成了 45°的滑动平面，当松散层下覆岩层发生破断时，松散层则以岩层移动边界线为滑动平面逐渐向下移动。在松散层移动初始状态下，假设位于松散层底部任意一点 m 的应力可以用极坐标应力图表示，即图 2-2（a）中所示的应力图。随着煤层的开采和上覆岩层产生弯曲变形，上覆整体岩层逐渐向下移动，松散层中应力状态发生改变，最大主应力 σ_1 逐渐减小，位于下部的松散层逐渐由弹性状态向塑性状态发展，当垂直应力等于 0 时，此处松散层与上覆松散层间力的传递作用消失并且与上覆松散层脱离。岩层移动过程中，上覆松散层中任意一点依次重复 m 点的发展过程。

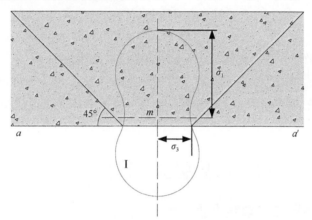

（a）松散层初始状态底部任意一点应力状态

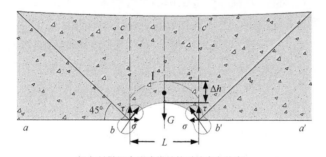

（b）松散层中形成拱结构时的应力状态

图 2-2　松散层运动过程中主应力分布

τ-ab 面上的切应力；σ-ab 面上的正应力

当松散层任意一点的垂直应力减小为 0 时，如图 2-2（b）所示，由于松散层内部介质发生变形，过 bc 和 $b'c'$ 的垂直平面上产生了切应力。当沿着 bb' 平面周边作用的垂直切应力能够完全承受 bb' 上方的松散层重量时，与其相邻的上覆松散层刚好形成了稳定的松散层拱，松散层拱在下次破坏之前既能对上覆松散层发挥承载作用又能与下部松散层间相互脱离而不产生力的传递作用。当松散层中形成稳定的松散层拱时，松散层拱的轮廓线即最大主应力迹线，如图 2-2（b）所示的曲线Ⅰ。当松散层中形成松散层拱时，对松散层下伏成拱部分进行静力学分析，取 bc 和 $b'c'$ 两平面上单位长度为 Δh 的单元体，该单元体在自重和切应力合力作用下保持平衡，设单元体的重力为 G，密度为 ρ，bb' 段长度为 L，为了便于理解，只考虑二维条件，因而在计算拱下伏面积时，在垂直图形平面向里取单位长度，如式（2-1）所示：

$$G = \sum \tau_b \tag{2-1}$$

式中，G 为图 2-2 中隔离体重力；τ_b 为沿垂直平面产生的切应力。

因此，根据上述平衡关系将 G 和 τ_b 的表达式代入式（2-1）可得

$$L\Delta h\rho g = 2(L+1)\Delta h\tau_b$$
$$\tau_b = \tau_0 + \tau_0 \sin\varphi \tag{2-2}$$

式中，τ_0 为松散层介质初始切应力；φ 为松散层内摩擦角。

当松散层力学参数和松散层拱的跨度满足式（2-2）时，松散层拱必将形成，由于松散层拱的承载作用，上覆岩层继续保持稳定状态。松散层拱的轮廓线即松散层中最大主应力迹线。

2.2　松散层拱结构特征方程

2.2.1　松散层拱结构轴线方程

松散层拱的形态特征方程即松散层拱的合理拱轴线方程，而松散层拱的结构特点符合结构力学中的无铰拱，无铰拱问题是典型的三次超静定问题，而超静定结构的内力与变形有关。在计算超静定拱之前，首先须确定拱轴线方程和松散层拱体的截面变化规律。由于超静定结构分析的复杂性，且有研究表明当计算超静定拱结构时，忽略其轴向变形的影响，无铰拱的合理拱轴线与相应的三铰拱相同[101]。因此，以三铰拱合理拱轴线作为松散层拱的合理拱轴线，通过确定的松散层拱轴线方程，研究松散层拱的内力分布规律，但在研究其内力分布规律时仍以无铰拱为研究对象。

松散层在移动过程中形成了稳定的拱结构，在上覆岩层载荷的作用下，松散层拱体中任一截面将产生 3 个内力分量，即弯矩、剪力和轴力。由于松散层呈现弱胶结性，较小剪力和弯矩的作用都会使其破坏，导致松散层拱失稳。为了使松散层能够发挥最大的承载作用，松散层在岩层移动过程中必然会形成一个具有合理拱轴线的拱结构。颗粒介质中的应力传递路径即松散层拱的轴线，而对松散层拱轴线方程的研究迄今为止并没有统一的认识。自 1879 年首次提出颗粒介质成拱效应[14]的概念以来，众多研究人员根据各自的研究成果，通过实验方法先后提出了松散层拱轴

线方程分别为悬链线[17]、抛物线[18]、鸡蛋形[102, 103]、椭圆形[104]以及双曲函数形[26]。悬链线方程和抛物线方程主要是针对完全无黏聚力的松散颗粒，而双曲函数形方程是基于弹性理论获得的。鉴于此，通过建立松散层拱力学模型，推导出松散层拱合理拱轴线方程，为研究松散层拱内力分布规律和演化规律提供基础。

根据结构力学[101]，拱结构的合理拱轴线是指拱的压力线与拱轴线重合时的轴线，此时任一截面只承受轴力作用而不受弯矩和剪力作用，松散层拱能够发挥其最大的承载作用。利用现有结构力学知识推导得出松散层拱的合理拱轴线，为建立松散层拱的力学模型提供依据，如图 2-3 所示。在计算合理拱轴线之前作以下几点简化：

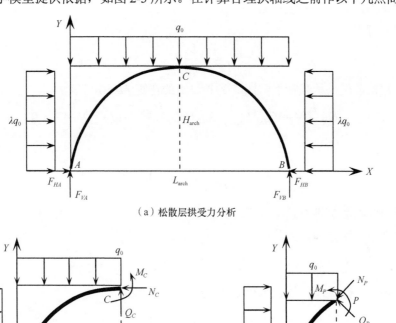

（a）松散层拱受力分析

（b）松散层拱左跨隔离体　　　　　　（c）松散层拱隔离体

图 2-3　松散层拱力学模型

F_{HA}、F_{HB}-松散层拱基 A、B 处的水平推力；M_C、N_C、Q_C-松散层拱顶截面弯矩、轴力、剪力；M_P、N_P、Q_P-外部载荷作用下任意截面的弯矩、轴力、剪力

（1）假设松散层拱的厚度自拱顶到拱基保持一致，分析松散层拱合理拱轴线时以拱结构的中面曲线为研究对象。

（2）研究时认为松散层拱顶部载荷为均匀分布且等于上覆松散层重量，认为松散层拱的侧向载荷同样为均匀分布，侧压系数为一恒定值。

松散层拱承载时的静力平衡关系：

$$\begin{cases} \sum M_A = 0, & -F_{VB}L_{\text{arch}} + \lambda q_0 H_{\text{arch}} \dfrac{H_{\text{arch}}}{2} - \lambda q_0 H_{\text{arch}} \dfrac{H_{\text{arch}}}{2} + q_0 L_{\text{arch}} \dfrac{L_{\text{arch}}}{2} = 0 \\ \sum M_B = 0, & F_{VA}L_{\text{arch}} + \lambda q_0 H_{\text{arch}} \dfrac{H_{\text{arch}}}{2} - \lambda q_0 H_{\text{arch}} \dfrac{H_{\text{arch}}}{2} - q_0 L_{\text{arch}} \dfrac{L_{\text{arch}}}{2} = 0 \end{cases} \quad (2\text{-}3)$$

式中，H_{arch}、L_{arch} 为松散层拱的矢高和跨度；λ 为侧压系数；q_0 为上覆载荷；M_A、M_B 分别为松散层拱拱基 A、B 处的弯矩；F_{VA}、F_{VB} 分别为松散层拱拱基 A、B 处的竖向支撑力。

因此可得

$$F_{VA} = \frac{q_0 L_{\text{arch}}}{2} \quad (2\text{-}4)$$

根据松散层拱承载特点，图 2-3 中 C 点的弯矩 $M_C=0$，有

$$-M_C + F_{VA}\frac{L_{\text{arch}}}{2} - F_{HA}H_{\text{arch}} - \lambda q_0 H_{\text{arch}}\frac{H_{\text{arch}}}{2} - q_0\frac{L_{\text{arch}}}{2}\frac{L_{\text{arch}}}{4} = 0 \quad (2\text{-}5)$$

因此：

$$F_{HA} = \frac{q_0}{8H_{\text{arch}}}\left(L_{\text{arch}}^2 - 4\lambda H_{\text{arch}}^2\right) \quad (2\text{-}6)$$

下面取松散层拱左跨中任意一点[图 2-3（c）]，对其进行受力分析并根据隔离体的力矩平衡方程，因此：

$$\sum M_P = 0, \quad M_x + F_{VA}x - F_{HA}y - \lambda q_0 y\frac{y}{2} - q_0 x\frac{x}{2} = 0 \quad (2\text{-}7)$$

将式（2-4）和式（2-6）代入式（2-7）可得

$$-M_x = \frac{q_0}{2}L_{\text{arch}}x - \frac{q_0}{8H_{\text{arch}}}\left(L_{\text{arch}}^2 - 4\lambda H_{\text{arch}}^2\right)y - \frac{1}{2}\lambda q_0 y^2 - \frac{1}{2}q_0 x^2 \quad (2\text{-}8)$$

根据拱结构合理拱轴线的定义，则

$$x^2 - L_{\text{arch}}x + \lambda y^2 + \frac{1}{4H_{\text{arch}}}\left(L_{\text{arch}}^2 - 4\lambda H_{\text{arch}}^2\right)y = 0 \quad (2\text{-}9)$$

当 $\lambda \neq 0$ 时，对式（2-9）简化可得

$$\frac{\left(x - \dfrac{L_{\text{arch}}}{2}\right)^2}{\left(\dfrac{L_{\text{arch}}^2 + 4\lambda H_{\text{arch}}^2}{8\sqrt{\lambda}H_{\text{arch}}}\right)^2} + \frac{\left[y + \dfrac{1}{8\lambda H_{\text{arch}}}(L_{\text{arch}}^2 - 4\lambda H_{\text{arch}}^2)\right]^2}{\left(\dfrac{L_{\text{arch}}^2 + 4\lambda H_{\text{arch}}^2}{8\lambda H_{\text{arch}}}\right)^2} = 1 \quad (2\text{-}10)$$

$$x \in \left(0, L_{\text{arch}}\right), y \in \left(0, H_{\text{arch}}\right)$$

由式（2-9）和式（2-10）可知，松散层拱轴线方程与侧压系数相关。当松散层拱位于极浅埋的松散层中时，即满足普氏拱理论的基本假设，侧压系数 $\lambda=0$ 时，由式（2-9）可得拱轴线为抛物线，这与普氏拱轴线方程相同[19]。当侧压系数 $\lambda=1$ 时，松散层拱轴线为圆形，松散层拱的跨度和矢高相等，这与文献[105]计算结果相一致。但通常条件下，根据国内外现场实测数据，侧压系数 $\lambda=0.5\sim3.0$。当侧压系数 $\lambda\in[0.5, 1)\cup(1, 3.0]$ 时，即绝大多数煤矿现场地质条件下松散层拱的轴线方程为椭圆，且松散层拱为一长轴在工作面走向方向的横椭圆。

2.2.2　松散层拱结构矢跨比方程

根据太沙基对拱效应的研究成果[17]，松散层拱拱基处的水平推力应满足式（2-11）：

$$F_{HA} \leqslant F_{VA} \tan \varphi + \frac{1}{2}CL \tag{2-11}$$

式中，φ 为松散层内摩擦角；C 为松散层黏聚力。

将式（2-4）、式（2-6）代入式（2-11）并取松散层拱稳定的极限状态得到松散层拱矢高和跨度比值（矢跨比）满足：

$$i = \frac{\sqrt{(C + \gamma H_0 \tan \varphi)^2 + \lambda \gamma^2 H_0^2} - \gamma H_0 \tan \varphi - C}{2\lambda \gamma H_0} \tag{2-12}$$

式中，i 为松散层拱矢高和跨度比值（矢跨比）；γ 为松散层容重；H_0 为松散层拱上覆松散层厚度。

将 $\gamma=20\text{kN/m}^3$、$H_0=200\text{m}$ 代入式（2-12）得到松散层拱矢跨比变化规律，如图 2-4 所示。松散层拱矢跨比主要受侧压系数，松散层内摩擦角、黏聚力影响。当煤层埋深不变时，随着侧压系数的增大，水平应力增加，根据松散层拱的形成

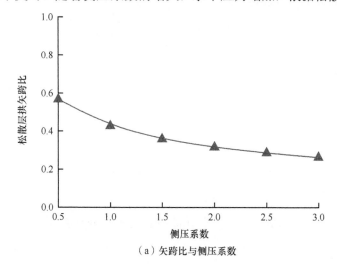

（a）矢跨比与侧压系数

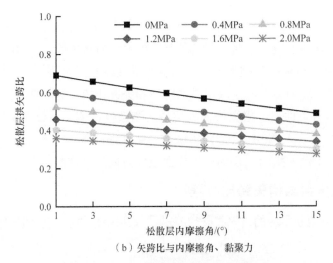

（b）矢跨比与内摩擦角、黏聚力

图 2-4 松散层拱矢跨比变化规律

机理，松散层拱矢跨比相应减小；随着松散层内摩擦角和黏聚力的增大，松散层的强度增大，松散层拱矢跨比逐渐减小。

2.2.3 松散层拱结构厚度方程

松散层拱的形态特征方程确定了松散层拱的矢跨比，计算时将松散层拱简化为一条压应力线，但是事实上松散层拱存在一定厚度，因此当基岩上覆松散层厚度同时满足松散层拱的矢跨比和松散层拱厚度时，松散层中才能形成稳定的松散层拱，否则并不能形成松散层拱。根据松散层拱拱基处的极限平衡条件[13][式（2-13）]，将图 2-3 中松散层拱左侧拱基处的应力分量代入极限平衡方程即可得到松散层拱的最小厚度表达式。

$$\sigma_1 = \sigma_3 \tan^2\left(45° + \frac{\varphi}{2}\right) + 2C\tan\left(45° + \frac{\varphi}{2}\right) \tag{2-13}$$

式中，σ_1、σ_3 分别为最大主应力和最小主应力。

根据式（2-4）和式（2-6）得到松散层拱拱基处的最大和最小极限主应力：

$$\begin{cases} \sigma_{1f} = \dfrac{\gamma H_0 L_{arch}}{2\delta_{arch}\cos\varphi} \\ \sigma_{3f} = \gamma\left(H_{arch} + H_0\right) \end{cases} \tag{2-14}$$

式中，σ_{1f}、σ_{3f} 为松散层拱拱基处的最大极限主应力和最小极限主应力；δ_{arch} 为松散层拱厚度。

将式（2-14）代入式（2-13）并化简得到松散层拱厚度：

$$\delta_{arch} = \frac{\gamma H_0 L_{arch}}{\left[\gamma\left(H_0+iL_{arch}\right)\tan\left(45°+\dfrac{\varphi}{2}\right)+2C\right]\tan\left(45°+\dfrac{\varphi}{2}\right)\cos\varphi} \tag{2-15}$$

与松散层拱矢跨比相同，松散层拱厚度主要受侧压系数，松散层的内摩擦角、黏聚力及松散层拱上覆松散层厚度影响。将 $\gamma=20\text{kN/m}^3$，$H_0=200\text{m}$，松散层黏聚力 C 分别为 0MPa、0.4MPa、0.8MPa、1.2MPa、1.6MPa 和 2.0MPa，松散层内摩擦角 φ 分别为 1°、3°、5°、7°、9°、11°、13°和 15°，侧压系数 λ 分别为 0.5、1.0、1.5、2.0、2.5 和 3.0 代入式（2-15）得到松散层拱厚度变化规律，如图 2-5 所示。

如图 2-5（a）所示，当侧压系数保持恒定时，松散层拱厚度随着跨度的增大而逐渐增大；当侧压系数由 0.5 增大至 3.0 时，在松散层拱跨度小于 30m 时，松

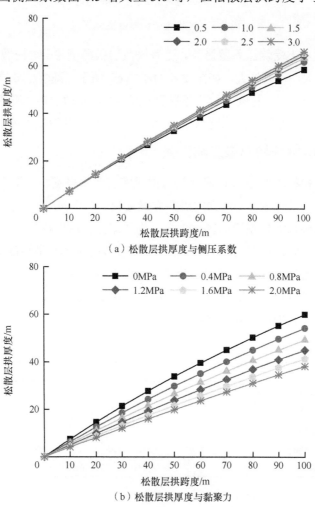

（a）松散层拱厚度与侧压系数

（b）松散层拱厚度与黏聚力

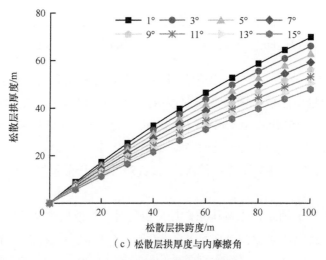

（c）松散层拱厚度与内摩擦角

图 2-5 　松散层结构厚度变化规律

散层拱厚度基本不受侧压系数影响，随着松散层拱跨度增大，松散层拱厚度随着侧压系数的增大而逐渐增大。如图 2-5（b）、（c）所示，随着松散层黏聚力和内摩擦角的增大，松散层抗拉强度和抗剪强度逐渐增大，松散层拱厚度逐渐减小，松散层拱只需较小厚度即能保持稳定承载，反之则需要更大的厚度才能保持稳定承载。

2.2.4　松散层拱结构形态影响因素

　　通过数值模拟软件 UDEC 研究松散层拱随工作面采宽、工作面采高、侧压系数及煤层埋深的演化规律，建立的研究方案见表 2-1。需要说明的是，由于本节只定性研究松散层拱演化规律的影响因素，为了避免松散层拱形态特征受基岩基本参数影响，建立数值模拟模型时将工作面开采参数等价为松散层底界面开采参数，即当工作面采为 50m 时，可以等价认为直接在松散层底界面开挖 50m。而在研究煤层埋深对松散层拱影响时只考虑松散层厚度满足成拱条件且埋深增加是通过在松散层顶界面施加均布载荷来实现的。

表2-1　数值模拟方案

影响因素	研究方案
基础模型	工作面采高为 3m、侧压系数为 0.3、松散层厚度为 150m
工作面采宽/m	25、50、75、100
工作面采高/m	1、3、5、7
煤层埋深/m	150、200、300、400
侧压系数	0.3、0.5、3.0

　　松散层是典型的颗粒介质，在宏观上兼有液体和固体两相性质，从细观上看松散层是由大小和形状各异的岩石颗粒组成，且自然条件下相邻颗粒间存在一定的黏聚力，而单个颗粒在外部载荷作用下几乎不变形，因此松散层的单个颗粒可以认为是刚体。为了体现松散层细观特征，在数值模拟中采用 UDEC 自带的 VORONOI 命令来模拟松散层，VORONOI 是分块式节理生成器，常用来产生随机尺寸的多边形块体。

　　在确定了松散层模拟方法后，数值模拟中松散层颗粒材料力学参数直接决定着模拟的准确性。传统的数值模拟中力学参数的取值是在实验室试件力学参数测试的基础上通过乘以强度增加系数和强度折减系数来确定的[106, 107]，而在确定该系数时需要确定岩体的分类指标，但是松散层与岩石存在明显的区别且该分类指标的获得是需要建立在大量的现场勘探和观测工作基础上的，而对于松散层来说，强度增加系数和折减系数很难准确获得。加之在有限的松散层数值模拟研究中均将松散层视为黏聚力和抗拉强度为 0 的基岩[108]，对于松散层的模拟主要是用有限元 FLAC 软件或者是离散元 UDEC 软件中的 JSET 来实现，并未见使用 VORONOI 来模拟松散层。因此，所使用的松散层基本力学参数主要是通过使数值模拟中松散层试件的单轴抗压试验和实验室单轴抗压试验获得的"应力-应变"曲线相一致获得的。

　　根据单轴抗压强度测试的数值模拟方法[109, 110]，松散层试件的基本尺寸为50mm×100mm（宽×高），VORONOI 的平均边长为 2mm，通过在松散层试件的顶部施加 0.1m/s 向下的速度来模拟加载，加载时松散层试件的底部保持固定，模拟中通过调节试件节理的基本参数来使"应力-应变"曲线与实验室试验一致，调节节理参数的具体步骤如下。

　　（1）通过调节试件块体的弹性模量来匹配松散层的弹性模量，以及通过调节节理的法向刚度和切向刚度来调节松散层的泊松比。

　　（2）通过调节节理的抗拉强度来匹配松散层的抗拉强度。

　　（3）通过调节节理的黏聚力来匹配松散层的黏聚力。

　　（4）通过调节节理的内摩擦角来匹配松散层的内摩擦角。

　　根据上述步骤反复调整相关参数，最终得到数值模拟中松散层试件的"应力-应变"曲线和松散层试件的破坏形态，如图 2-6 所示，结果表明数值模拟得到的"应力-应变"曲线能够很好地与实验室得到的"应力-应变"曲线相匹配，数值模拟中确定的松散层节理的相关参数能够真实体现其力学特性，确定的相关参数见表 2-2。数值模拟中，VORONOI 的平均边长不仅会影响数值模拟的运算速度，而且直接影响松散层的力学特性[109]，因此在研究松散层拱的发育规律时，结合目前计算机的运算能力，VORONOI 的平均边长取 2m。最终建立如图 2-7 所示的数值模型，模型宽度为 200m，高度为 170m，松散层厚度为 150m。

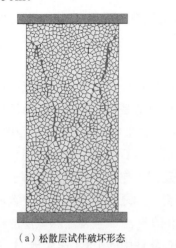

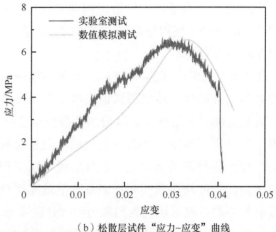

（a）松散层试件破坏形态　　　　（b）松散层试件"应力-应变"曲线

图 2-6　松散层试件单轴抗压测试数值模拟

表2-2　数值模拟中松散层节理基本参数

法向刚度/GPa	切向刚度/GPa	内摩擦角/（°）	黏聚力/MPa	抗拉强度/MPa
1.67	0.455	2	0.05	0.01

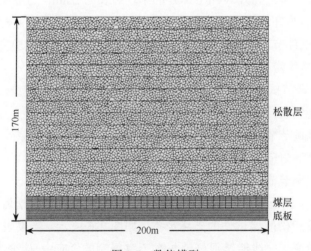

图 2-7　数值模型

图 2-8 为不同工作面采宽时松散层中最大主应力分布规律及松散层拱矢跨比随工作面采宽的变化规律。当工作面采高为 3m、侧压系数为 0.3、松散层厚

度为 150m 时，工作面回采后，上覆松散层中形成了明显的最大主应力集中现象，主应力集中区域的包络线即松散层拱；随着工作面采宽的逐渐增大，主应力集中包络线逐渐向上抬升，主应力集中程度逐渐增大，但是松散层拱矢跨比变化较小；当侧压系数为 0.3 时，理论计算的松散层拱矢跨比为 0.53，数值模拟中松散层拱矢跨比最大值为 0.53，最小值为 0.52，数值模拟结果基本与理论分析一致。

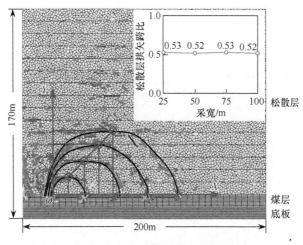

图 2-8　采宽对松散层拱的影响

采用相同的方法统计了不同因素影响下的松散层拱矢跨比变化规律，如图 2-9 所示。在其他影响因素保持不变时，工作面采高由 1m 增大至 7m 时，不同工作面采宽条件下松散层拱矢跨比基本保持一定且与理论值基本一致，说明工作面采高并不影响松散层拱的矢跨比，相同的结论在第 4 章关键层破断前后松散层拱形态并无明显变化中同样得到验证，同时也与文献[111]中的实验结果相一致。当煤层埋深由 150m 增大至 400m 时，即松散层厚度由 150m 增大至 400m，与松散层拱受采高影响规律相同，相同采宽下松散层拱矢跨比不受松散层厚度的影响，也就是说在工作面采宽一定时当松散层厚度能够满足形成该采宽下松散层拱条件时，继续增大松散层厚度并不会改变松散层拱高度，这也与文献[111]的实验结果相同。当模型侧压系数由 0.3 变化至 3 时，松散层拱矢跨比发生了明显的变化，根据理论分析，松散层拱矢跨比主要受侧压系数影响，数值模拟结果验证了理论分析的正确性。

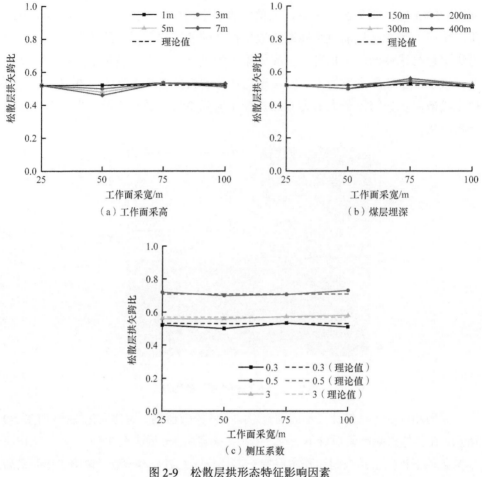

图 2-9 松散层拱形态特征影响因素

2.3 松散层拱结构形成条件

2.3.1 松散层拱结构判别公式

图 2-10 为厚松散层矿区采动覆岩承载结构示意图,基岩中的承载结构为关键层,松散层中的承载结构为松散层拱。

如图 2-10 所示,当松散层中能够形成稳定的松散层拱时,工作面上覆松散层厚度 ΣH 必须大于等于松散层拱的矢高和松散层拱厚度的和(不考虑松散层拱下方的离层量),即

$$H_{\mathrm{arch}} + \delta_{\mathrm{arch}} \leqslant \sum H \tag{2-16}$$

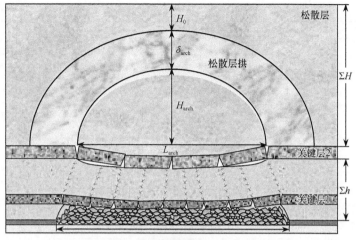

図 2-10　采动覆岩承载结构示意图

根据式（2-12）中松散层拱矢跨比特征及松散层拱跨度与工作面采宽的关系（图 2-10），并将式（2-15）代入式（2-16）中得到松散层厚度（ΣH）必须满足：

$$\sum H \geqslant i\left(L_{\mathrm{m}} - \frac{2\sum h}{\tan \alpha}\right) + \frac{\gamma H_0 L}{\left[\gamma(H_0 + iL)\tan\left(45° + \dfrac{\varphi}{2}\right) + 2C\right]\tan\left(45° + \dfrac{\varphi}{2}\right)\cos\varphi} \tag{2-17}$$

式中，α 为基岩破断角；Σh 为关键层 2 底界面与煤层顶界面间的距离；L_{m} 为工作面采宽。

当采场上覆松散层厚度满足式（2-17）时，即工作面上覆松散层厚度 ΣH 大于松散层拱形成时的临界厚度时，松散层中能形成松散层拱，反之松散层中不能形成松散层拱。一般条件下，基岩破断角 α 取 60°～80°、松散层容重 γ 取 16～25kN/m³、侧压系数 λ 取 0.5～3.0、松散层黏聚力 C 取 0～2MPa、松散层内摩擦角 φ 取 0°～15°，取上述参数的平均值并代入式（2-17）得到能形成松散层拱时的临界松散层厚度（可以简化为 $1.2L_{\mathrm{m}} - 0.9\Sigma h$）。图 2-11 为皖北祁东煤矿 7_130 工作面采前 1 钻孔柱状图，钻孔中松散层厚度为 345.6m，基岩厚度为 52.62m，将 7_130 工作面基本开采参数代入式（2-17）得到松散层中能形成稳定的松散层拱所需要的松散层厚度必须大于 133m，显然小于采前 1 钻孔揭露的松散层厚度，因而 7_130 工作面上覆松散层中能够形成松散层拱。

当工作面上覆松散层厚度 ΣH 小于松散层拱形成时的临界厚度时，松散层中不能形成松散层拱，如神东矿区大柳塔煤矿 22103 工作面区域 J88 钻孔柱状图（图 2-12），J88 钻孔揭露的松散层厚度为 11.11m，基岩厚度为 75.03m，将 22103

层号	厚度/m	埋深/m	岩层岩性	关键层位置	硬岩层位置	岩层图例
14	345.6	345.6	松散层			
13	6.09	351.69	泥岩			
12	9.08	360.77	粉砂岩	主关键层	第2层硬岩层	
11	1.64	362.41	煤层			
10	7	369.41	泥岩			
9	1.64	371.05	粉砂岩			
8	3.82	374.87	泥岩			
7	0.5	375.37	煤层			
6	2.66	378.03	泥岩			
5	1.55	379.58	煤层			
4	4.68	384.26	泥岩			
3	3.19	387.45	细砂岩	亚关键层	第1层硬岩层	
2	1.16	388.61	中砂岩			
1	9.61	398.22	泥岩			
0	4.15	402.37	7₁煤层			

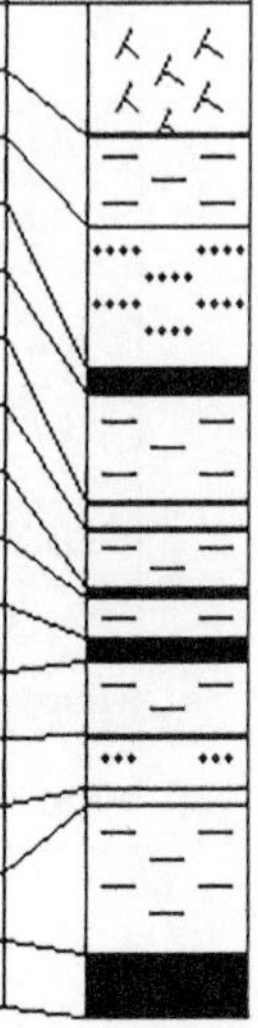

图 2-11　7₁30 工作面采前 1 钻孔柱状图

层号	厚度/m	埋深/m	岩层岩性	关键层位置	岩层图例
16	11.11	11.11	松散层		
15	5.1	16.21	粉砂岩		
14	15.64	31.85	粉砂岩	主关键层	
13	0.65	32.50	细砂岩		
12	3.1	35.60	粉砂岩		
11	7.26	42.86	细砂岩		
10	3.3	46.16	粉砂岩		
9	9.27	55.43	粗砂岩	亚关键层	
8	7.4	62.83	1-2煤层		
7	6.48	69.31	粉砂岩		
6	11.15	80.46	粗砂岩	亚关键层	
5	2.92	83.38	粉砂岩		
4	1.15	84.53	石英砂岩		
3	1.31	85.84	粉砂岩		
2	0.1	85.94	无号1		
1	0.2	86.14	粉砂岩		
0	3.85	89.99	2-2煤层		

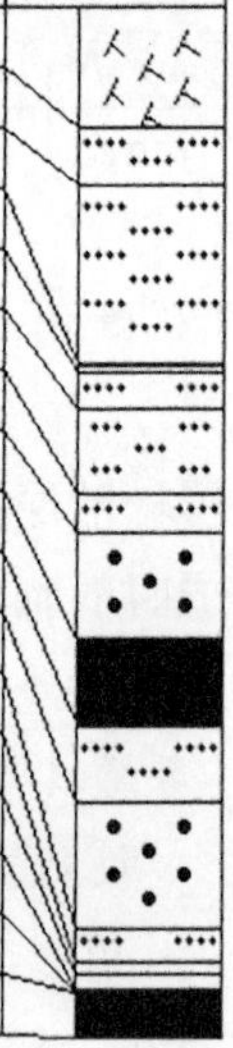

图 2-12　22103 工作面区域 J88 钻孔柱状图

工作面基本开采参数代入式（2-17）得到松散层中能形成稳定的松散层拱所需要的松散层厚度必须大于 93m，显著大于 J88 钻孔揭露的松散层厚度，因而 22102 工作面上覆松散层中不能形成松散层拱。

2.3.2　松散层拱结构工程验证

选取兖州南屯煤矿 1302 工作面上覆松散层内部移动变形现场监测结果对松

散层拱矢高的动态演化规律进行验证。南屯煤矿 1302 工作面开采参数及松散层力学参数如下[112]：工作面倾斜宽度为 155m、走向推进长度为 1550m、煤层埋深为 257m、煤层厚度为 5.7～6.3m、上覆松散层厚度为 104m、基岩破断角为 80°、侧压系数为 0.34、松散层容重为 25kN/m³、黏聚力为 0.02MPa、内摩擦角为 4°。将上述参数代入式（2-12）得到松散层拱矢跨比为 0.75，工作面回采过程中会出现 3 次松散层拱，工作面推进长度分别为 85m、105m 和 155m，相应的松散层拱矢高分别为 18.75m、33.75m 和 71.25m。

工作面回采过程中，当工作面推进至 85m、105m 和 155m 时，距地表 87m、73m 和 40m 处的松散层中产生了 3 次离层，产生离层的位置与松散层底界面的距离分别为 17m、31m 和 64m；松散层中离层产生于强黏结性和强流动性的土层间，表明松散层内部产生了不同步下沉，引起这种不同步下沉现象的根本原因是强黏结性土层中形成了松散层拱，阻止了上覆松散层的下沉。由此可见，现场实测的松散层拱矢高即为 17m、31m 和 64m，理论计算与现场实测值的误差分别为 10.3%、8.9% 和 11.3%，理论分析与实际基本吻合。图 2-13 为工作面回采过程中松散层离层演化过程。

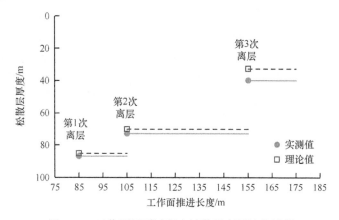

图 2-13　工作面回采过程中松散层离层演化过程

松散层拱的形成除了与松散层力学性质有关，还与工作面采宽和松散层厚度有关。由于松散层拱的形成条件是终态且是从三维空间状态简化成为二维平面状态，所以在松散层厚度不变的条件下，松散层拱是否形成取决于工作面走向推进长度和倾斜宽度的最小值，即只要工作面走向推进长度和倾斜宽度的最小值没有超过临界值，工作面回采过程中就会形成松散层拱。

　　当松散层厚度相对较小而单一工作面宽度相对较大时，松散层拱只形成于单一工作面，如鲍店煤矿 1312 工作面，松散层厚度为 205.8～217.3m，工作面采宽为 245m，经过计算临界松散层厚度为 225.6m。当松散层厚度较大而单一工作面采宽较小时，松散层拱可形成于多个工作面，如唐口煤矿松散层厚度为 626m、基岩厚度为 384m，根据工作面开采条件得到了工作面累计采宽小于 810m 时，松散层中能够形成松散层拱，而唐口煤矿单个工作面采宽为 120～180m，此时松散层拱适用于 4～7 个工作面。

第 3 章　松散层拱结构承载性能和失稳判据

3.1　松散层拱结构承载力学模型

3.1.1　松散层拱结构二维力学模型

一般条件下，松散层拱二维合理拱轴线为椭圆，需要说明的是，利用三铰拱确定合理拱轴线是建立在以拱结构任意截面弯矩为零的基础上的，但是在利用无铰拱结构计算拱内力时由于超静定结构附加内力的影响，无铰拱的内力仍然会产生弯矩及剪力。因此，在确定松散层拱合理拱轴线的基础上，通过无铰拱分析松散层拱的承载特性及内力分布规律。

结构力学中无铰拱问题为典型的三次超静定问题[101]，借助超静定结构的力法方程对其进行应力分布规律研究，根据图 2-3 松散层拱的受力特点建立如图 3-1 所示的力学相当系统。为了简化计算，设松散层拱的轴线方程为标准的椭圆方程，半长轴为 a，半短轴为 b。图 3-1 中三个未知力 X_1、X_2 和 X_3 分别为弯矩、轴力和剪力。根据对称结构受对称载荷其反对称内力为零的特点，可得 $X_3=0$。

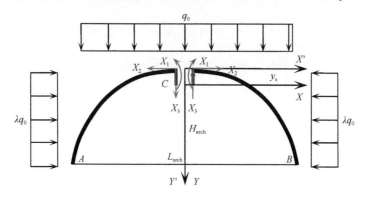

图 3-1　松散层拱受力示意图

首先根据弹性中心法求超静定结构内力的步骤确定超静定结构的弹性中心：

$$y_s = \frac{\int y \dfrac{\mathrm{d}s}{EI}}{\int \dfrac{\mathrm{d}s}{EI}} = \frac{b}{4aL_{\text{arch}}}\left(L_{\text{arch}}\sqrt{4a^2 - L_{\text{arch}}^2} + 4a^2 \arcsin\frac{L_{\text{arch}}}{2a}\right) \tag{3-1}$$

式中，s 为松散层拱单位宽度；EI 为抗弯刚度。

其次，根据力法方程式（3-2）得出图 3-1 中的未知力 X_1、X_2，如式（3-3）所示。

$$\delta_{11}X_1 + \Delta_{1P} = 0$$
$$\delta_{22}X_2 + \Delta_{2P} = 0 \tag{3-2}$$

式中，δ_{11}、δ_{22} 分别为单位力 $\overline{X_1}=1$ 和 $\overline{X_2}=1$ 作用时产生的位移；Δ_{1P}、Δ_{2P} 分别为外力作用下 C 点沿 X_1、X_2 方向的位移。

$$X_1 = \frac{(12H_{arch}^2\lambda + 5L_{arch}^2)q_0}{120}$$

$$X_2 = \frac{(24H_{arch}^2\lambda + 7L_{arch}^2)q_0}{56H_{arch}} \tag{3-3}$$

在力法方程计算得出多余未知力 X_1、X_2 后，通过隔离体的平衡条件可以求得无铰拱任意截面的内力，计算公式如下：

$$M(x) = X_1 + X_2(y - y_s) + M_P$$
$$Q(x) = X_2\sin\varphi + Q_P$$
$$N(x) = X_2\cos\varphi + N_P \tag{3-4}$$

式中，$M(x)$、$Q(x)$、$N(x)$ 分别为无铰拱任意截面的弯矩、剪力和轴力；M_P、Q_P、N_P 分别为在外部载荷作用下无铰拱任意截面的弯矩、剪力和轴力。

根据图 3-1 可得在顶部和侧向载荷作用下，无铰拱任意截面的弯矩、轴力和剪力如下：

$$\begin{cases} M_P = -\dfrac{q_0}{2L_{arch}^4}\left(L_{arch}^4 x^2 + 16\lambda H_{arch}^2 x^4\right) \\[2mm] Q_P = -q_0 x\cos\varphi - \lambda q_0 y\sin\varphi \\[2mm] N_P = q_0 x\sin\varphi - \lambda q_0 y\cos\varphi \end{cases} \tag{3-5}$$

将式（2-10）和式（2-12）代入式（3-5）中可得松散层拱任意截面的内力分布：

$$\begin{cases} M(x) = -\dfrac{\lambda H_{arch}^2 q_0}{70L_{arch}^4}\left(560x^4 - 120L_{arch}^2 x^2 + 3L_{arch}^4\right) \\[3mm] Q(x) = \dfrac{8\lambda H_{arch}^2 q_0}{7L_{arch}^2\sqrt{L_{arch}^4 + 64H_{arch}^2 x^2}}\left(3L_{arch}^2 x - 28x^3\right) \\[3mm] N(x) = \dfrac{q_0}{56H_{arch}\sqrt{L_{arch}^4 + 64H_{arch}^2 x^2}}\left\{\left[24L_{arch}^2\lambda - 224x^2(\lambda - 2)\right]H_{arch}^2 + 7L_{arch}^4\right\} \end{cases} \tag{3-6}$$

显然，松散层拱内力大小主要受松散层拱跨度（L_{arch}）、松散层拱矢高（H_{arch}）、松散层拱上覆载荷（q_0）和侧压系数（λ）影响，且主要受松散层拱跨度影响。

当 H_{arch}=27m、L_{arch}=70m、q_0=1kN/m、λ=0.54，通过式（3-6）计算得出松散层拱内力如图 3-2 所示。

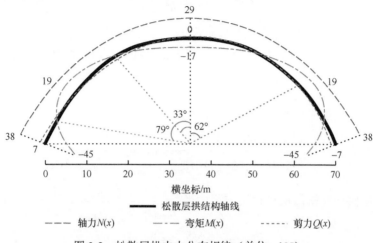

图 3-2　松散层拱内力分布规律（单位：kN）

（1）在上覆和侧向载荷作用下，松散层拱截面轴力和弯矩呈对称分布、和剪力呈反对称分布，且轴力显著大于剪力，除拱基以外，松散层拱其他区域轴力大于弯矩。松散层拱截面轴力自拱顶的 29kN 增大到拱基的 38kN，且轴力均为沿松散层拱轴线方向的压应力。

（2）松散层拱截面弯矩沿轴线方向划分为三个区域，在松散层拱两侧 33°范围内弯矩小于 0，此时松散层拱内侧受拉、外侧受压；松散层拱两侧 33°～79°的拱肩处弯矩大于 0，此时松散层拱内侧受压、外侧受拉；松散层拱两侧 79°～90°的拱基弯矩小于 0，此时松散层拱内侧受拉、外侧受压。

（3）与松散层拱截面轴力和弯矩相比，截面剪力最大值仅为轴力的 15%、弯矩的 16%，剪力对松散层拱影响较小。在松散层拱两侧 62°范围内拱顶和拱肩处截面剪力大于 0，在剪力作用下拱顶和拱肩处易产生剪切破坏。

由松散层材料岩石力学参数可知，松散层材料呈现弱胶结性，由于松散层现场取样极其困难，松散层材料的多种岩石力学强度参数无法从实验室中获得。根据有限的实验室参数，松散层的单轴抗压强度仅为基岩的 5%～10%，抗拉强度仅为基岩的 3%～8%，黏聚力仅为基岩的 5%～10%。与梁强承载性能相比，如此弱胶结性的松散层材料在形成松散层拱时能否对上覆岩层发挥稳定的承载作用却不得而知，因此对比分析相同跨度的单层梁和松散层拱在相同外部载荷作用下截面上的最大应力值。

单层固支梁在顶部均匀载荷作用下最大应力产生于固支梁两端的顶界面，且最大应力为拉应力[113]，如式（3-7）所示：

$$\sigma_{梁}\big|_{\max} = \frac{q_0 L_{\text{Beam}}^2}{2 b_{\text{Beam}} h_{\text{Beam}}^2} \tag{3-7}$$

式中，L_{Beam}、b_{Beam}、h_{Beam} 分别为梁的长度、宽度和厚度。

如图 3-2 所示，当松散层拱方程为合理拱轴线方程时，松散层拱主要承受截面弯矩而其他内力均较小，根据式（3-6）可得当 $x = \pm\dfrac{L}{2}$ 时，松散层拱截面轴力最大，所以松散层拱所承受的最大轴向压应力为

$$\sigma_{拱}\big|_{\max} = -\frac{q_0 L_{\text{arch}}^2 \left(32 H_{\text{arch}}^2 \lambda - 112 H_{\text{arch}}^2 - 7 L_{\text{arch}}^2\right)}{56 H_{\text{arch}} \sqrt{L_{\text{arch}}^2 \left(16 H_{\text{arch}}^2 + L_{\text{arch}}^2\right)}} \frac{1}{b_{\text{Beam}} h_{\text{Beam}}} \tag{3-8}$$

根据拱假设和松散层拱轴线方程，当 $\dfrac{H_{\text{arch}}}{L_{\text{arch}}} = \dfrac{1}{2}$、$\dfrac{h_{\text{Beam}}}{L_{\text{Beam}}} = \dfrac{1}{20}$ 时，则：

$$\frac{\sigma_{拱}\big|_{\max}}{\sigma_{梁}\big|_{\max}} = \frac{\sqrt{5}}{1400}\left(35 - 8\lambda\right) \tag{3-9}$$

国内外现场实测表明，通常条件下侧压系数 λ 取 $0.5\sim3.0$，所以 $\dfrac{\sigma_{拱}\big|_{\max}}{\sigma_{梁}\big|_{\max}} \times$ 100%=1.76%～4.95%。

上述对比结果表明，当松散层单轴抗压强度仅为基岩的 5%～10%时，松散层拱截面最大压应力仅为相同跨度和相同外部载荷作用下基岩梁结构截面最大拉应力的 1.76%～4.95%。因而，虽然基岩的强度显著大于松散层材料，但是由于两种承载结构承载特性不同，松散层拱能够对采场上覆岩层发挥稳定的承载作用。

3.1.2　松散层拱结构三维力学模型

二维上松散层拱的合理拱轴线为椭圆的一部分，而三维上可以认为松散层拱呈现出以椭圆面为中面的旋转壳结构，建立如图 3-3 所示的三维结构模型，分析在外部载荷作用下松散层拱薄膜内力的分布规律。在建立松散层拱三维力学模型前，基本假设和简化条件如下所述。

（1）认为松散层拱在破坏失稳前符合弹性力学中薄壳的特性，薄壳满足的条件是松散层拱的厚度远小于中面最小曲率半径，工程计算中可以认为其比值为 0.05。

（2）计算松散层拱的薄膜内力时可以采用薄壳的无矩理论，虽然一般情况下薄壳中既有弯曲应力又有薄膜内力，但是当薄壳的抗弯刚度非常小或者壳体的中面曲率和扭率改变非常小时，薄壳中的弯曲应力可以忽略不计而只考虑薄膜应力。

（3）垂直于松散层拱中面方向的线应变可以忽略不计，中面法线始终保持为

直线，中面法线及其垂直线段上的切应变为零，可以将松散层拱横截面上的载荷向中面简化。

（4）松散层拱所受载荷与图 3-1 相同，且认为其所受的约束和载荷都是绕旋转轴对称的，因此可以将松散层拱的内力计算简化为弹性力学中的薄壳轴对称问题的无矩计算。

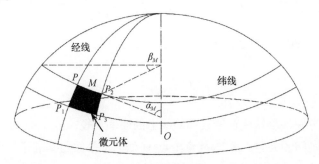

（a）三维力学模型

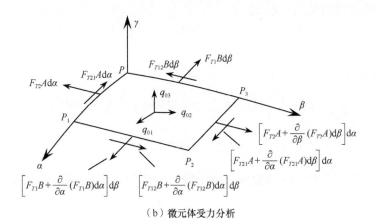

（b）微元体受力分析

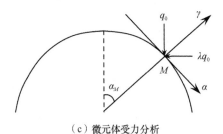

（c）微元体受力分析

图 3-3　松散层拱三维力学模型

根据上述假设和简化条件，建立如图 3-3 所示的 $\alpha\beta\gamma$ 正交曲面坐标系，图 3-3 （b）为图 3-3（a）中微元体 P、P_1、P_2、P_3 的中曲面。图 3-3（b）中，在 α 面上，

作用于中面的单位宽度上的拉压力为 F_{T1}、平错力为 F_{T2}，在 β 面上，相应的拉压力、平错力为 F_{T21}、F_{T12}；q_{01}、q_{02}、q_{03} 分别为 α、β、γ 轴方向微元体单位面积上所受到的载荷。根据微元体的静力平衡可以得到旋转壳轴对称问题无矩计算的平衡微分方程，如式（3-10）所示[114]：

$$\frac{1}{R_1}\frac{\partial F_{T1}}{\partial \alpha_M} + \frac{\cot \alpha_M}{R_2}(F_{T1} - F_{T2}) + \frac{1}{R_2 \sin \alpha_M}\frac{\partial F_{T12}}{\partial \beta_M} + q_{01} = 0$$

$$\frac{1}{R_1}\frac{\partial F_{T12}}{\partial \alpha_M} + \frac{2\cot \alpha_M}{R_2}F_{T1} + \frac{1}{R_2 \sin \alpha_M}\frac{\partial F_{T2}}{\partial \beta_M} + q_{02} = 0 \qquad (3\text{-}10)$$

$$\frac{F_{T1}}{R_1} + \frac{F_{T2}}{R_2} = q_{03}$$

式中，R_1、R_2 分别为旋转壳在经线和纬线上的曲率半径；α_M 为任意一点 M 处的中面法线与旋转轴间的夹角；β_M 为任意一点 M 处的子午面与基准子午面间的夹角。

由于旋转壳所受的载荷和约束为绕旋转轴对称的，在外部载荷作用下的内力同样是绕旋转轴对称的，因此：

$$q_1 = q_{01}(\alpha_M), q_{02} = 0, q_{03} = q_{03}(\alpha_M)$$
$$F_{T1} = F_{T1}(\alpha_M), F_{T2} = F_{T2}(\alpha_M), F_{T12} = 0 \qquad (3\text{-}11)$$

将式（3-11）代入式（3-10）得到旋转壳的薄膜内力，如式（3-12）所示：

$$F_{T1} = \frac{1}{R_2 \sin^2 \alpha_M}\int_0^{\alpha_M} (q_{03}\cos \alpha_M - q_{01}\cos \alpha_M)R_1 R_2 \sin \alpha \mathrm{d}\alpha_M$$
$$\qquad (3\text{-}12)$$

$$F_{T2} = R_2 q_{03} - \frac{R_2}{R_1}F_{T1}$$

由于松散层拱的中面为椭圆，则经线和纬线方向的两个曲率半径为

$$\begin{cases} R_1 = \dfrac{b^2}{a\left(1 - \varepsilon^2 \cos^2 \alpha_M\right)^{3/2}} \\[4mm] R_2 = \dfrac{a}{\left(1 - \varepsilon^2 \cos^2 \alpha_M\right)^{1/2}} \end{cases} \qquad (3\text{-}13)$$

式中，a、b 分别为椭圆的半长轴和半短轴；ε 为椭圆的偏心率，$\varepsilon^2 = 1 - \dfrac{b^2}{a^2}$；$\alpha_M$ 的变化范围为 $\alpha_M \in \left(0, \dfrac{\pi}{2}\right)$。

根据图 3-3（c）可得微元体的载荷为

$$\begin{cases} q_{01} = q_0\left(\sin \alpha_M - \lambda \cos \alpha_M\right) \\ q_{03} = -q_0\left(\cos \alpha_M + \lambda \sin \alpha_M\right) \end{cases} \qquad (3\text{-}14)$$

将式（3-13）、式（3-14）代入式（3-12）得到旋转壳的薄膜内力，如式（3-15）所示：

$$\begin{cases} F_{T1} = -\dfrac{q_0 a \left(1 - \varepsilon^2 \cos^2 \alpha_M\right)^{1/2}}{2\sin^2 \alpha_M}\left[\dfrac{\left(1 - \cos \alpha_M\right)\left(1 + \varepsilon^2 \cos^2 \alpha_M\right)}{1 - \varepsilon^2 \cos^2 \alpha_M}\right. \\ \qquad \left. + \dfrac{1 - \varepsilon^2}{\varepsilon}\ln\left(\sqrt{\dfrac{1+\varepsilon}{1-\varepsilon}}\left(\dfrac{1 - \varepsilon \cos \alpha_M}{1 + \varepsilon \cos \alpha_M}\right)\right)\right] \\ F_{T2} = -\dfrac{q_0 a \left(\cos \alpha_M + \lambda \sin \alpha_M\right)}{\left(1 - \varepsilon^2 \cos^2 \alpha_M\right)^{1/2}} - \dfrac{1 - \varepsilon^2 \cos^2 \alpha_M}{1 - \varepsilon^2}F_{T1} \end{cases} \tag{3-15}$$

因此，松散层拱的内力分布与松散层拱的基本参数及外部载荷相关，当 a=56m、b=40m、λ=0.54、q_0=1kN/m 时，根据式（3-15）计算得出松散层拱的内力分布规律如图 3-4 所示。

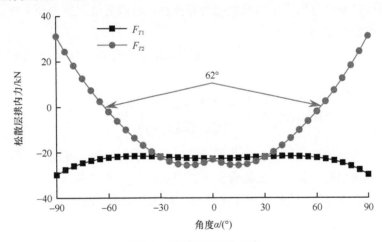

图 3-4　松散层拱内力分布

（1）三维松散层拱在外部轴对称载荷的作用下薄膜内力同样呈轴对称分布。沿经线方向的内力 F_{T1} 均小于零，表明松散层拱沿经线方向均为压缩变形；而沿纬线方向的内力 F_{T2} 在对称轴两侧 62° 范围内小于零，此时松散层拱沿经线方向同样为压缩变形，而余下部分薄膜内力大于零，该部分松散层拱部分主要受到拉伸变形。

（2）松散层拱中沿经线方向的薄膜内力随着角度的增加逐渐增大，薄膜内力在拱基处达到最大值，这与松散层拱二维力学分析中截面轴力的分布规律相同。因此，松散层拱沿经线方向上的破坏形式主要为压应力造成的塑性破坏。

（3）由于松散层拱二维力学分析的局限性，不能分析其沿纬线方向的内力分布规律。而三维力学分析中，沿纬线方向的薄膜内力随着角度的增加先逐渐减小随后内力沿反方向随着角度的增大而逐渐增大，沿纬线上的内力同样在松散层拱拱基处达到最大。松散层拱沿纬线方向的破坏形式主要划分为两种，在对称轴两侧的 62° 范围内主要为压力造成的塑性破坏，但是由图 3-4 可知沿纬线上的内力大部分是小于沿经线方向的，因而松散层拱在沿纬线上达到塑性破坏之前，其在沿经线上早已破坏，因此沿纬线方向的受压破坏难以实现；沿纬线上的另外一种破坏形式为拉伸破坏，由于该拉伸破坏仅发生在松散层拱的壳基边缘附近，松散层拱沿纬线上的拉伸破坏同样不是主要的破坏形式。

对松散层拱二维力学进行分析时，对比分析二维拱结构和梁结构的承载特性发现，尽管松散层材料特性弱，但是其能够和梁一样发挥几乎相同的承载作用。煤矿地下采掘空间通常是三维应力状态，在三维结构中，拱结构对应着壳，梁结构对应着板，通过分析壳结构和板结构发挥承载时截面最大应力分布规律来对比两者承载特性的差异。

根据均布载荷作用下四边固支薄板的 Marcus 修正解[115]可得四边固支薄板的最大拉应力为

$$\sigma_{\text{板}}\big|_{\max} = \frac{\left(1 - \mu_{\text{plane}}^2\right)\left(1 + \mu_{\text{plane}}\xi_{\text{plane}}^2\right)q_0 a_{\text{plane}}^2}{2h_{\text{plane}}^2\left(\xi_{\text{plane}}^4 + 1\right)} \tag{3-16}$$

式中，μ_{plane} 为薄板泊松比；ξ_{plane} 为薄板几何形状系数，等于薄板长边与短边的比值；a_{plane} 为薄板长边长度；q_0 为薄板所受载荷；h_{plane} 为薄板厚度。

由前述分析可知，壳体所受最大压应力发生在壳基，由式（3-15）可知当 $\alpha=0$ 时，壳基的最大压应力为

$$\sigma_{\text{壳}}\big|_{\max} = -\frac{q_0 a_{\text{plane}}\left(1 - \varepsilon^2\right)}{4\varepsilon\delta_{\text{plane}}}\ln\left(\frac{1+\varepsilon}{1-\varepsilon}\right) \tag{3-17}$$

式中，δ_{plane} 为壳体的厚度。

由松散层拱形态特征及板壳理论的基本假设可知：

$$\frac{\sigma_{\text{壳}}\big|_{\max}}{\sigma_{\text{板}}\big|_{\max}} \times 100\% = 2.16\% \tag{3-18}$$

以三维板结构作为承载结构时，板内将会出现较大的弯矩与扭矩，而当以三维壳体为承载结构时，壳体中弯矩和扭矩很小，壳体承受沿壳壁厚度方向上均匀分布的压应力，因此，虽然松散层材料本身强度较弱，但是其最大压应力仅为薄板的 2.16%，松散层拱能够对上覆岩层发挥稳定的承载作用。

3.2　松散层拱结构承载内力分布特征

为了分析上覆载荷、侧压系数、矢跨比等对松散层拱承载内力分布的影响规律，令上覆载荷分别为 0.5kN/m、1.0kN/m、1.5kN/m、2.0kN/m，侧压系数分别为 0.30、0.54、2.00、3.00，矢跨比分别为 0.38、0.40、0.50、0.60，松散层拱矢高 H_{arch}=27m、跨度 L_{arch}=70m，将上述参数代入式（3-6）中分别得到松散层拱截面的内力分布，如图 3-5～图 3-7 所示，图中内力小于 0 时，表示内力方向与图 3-1 模型设定的方向相反，当弯矩小于 0 时，表示松散层拱内侧受拉、外侧受压。

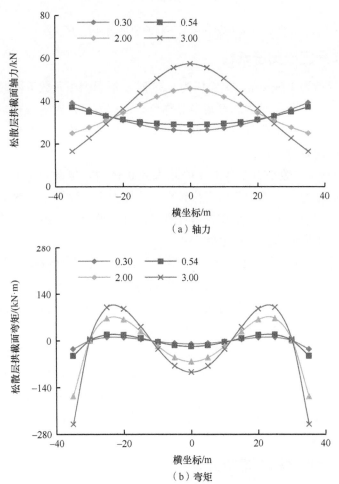

（a）轴力

（b）弯矩

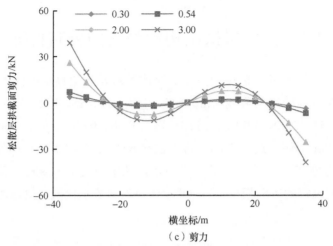

（c）剪力

图 3-5　不同侧压系数下松散层拱截面内力分布

3.2.1　工作面区域侧压系数

当上覆载荷为 1.0kN/m、矢跨比为 0.38 时，不同侧压系数下松散层拱截面内力分布如图 3-5 所示，轴力和弯矩呈对称分布、剪力呈反对称分布。当侧压系数小于 1 时，松散层拱上覆载荷大于侧向载荷；当侧压系数大于 1 时，松散层拱上覆载荷小于侧向载荷。

（1）当侧压系数小于 1 且由 0.30 增大到 0.54 时，侧向载荷小于上覆载荷，松散层拱截面轴力、弯矩和剪力变化较小，且轴力大于弯矩。松散层拱截面轴力由拱顶向拱基逐渐增大，弯矩在拱基处最大，拱肩处次之，拱顶处最小；剪力在拱基处最大，拱肩处次之，拱顶处为 0。

（2）当侧压系数大于 1 且由 2.00 增大至 3.00 时，侧向载荷大于上覆载荷，松散层拱主要受侧向载荷影响，松散层拱截面弯矩大于轴力、轴力大于剪力，松散层拱主要受弯矩影响；在侧向载荷影响下，松散层拱截面轴力由侧压系数小于 1 时的由拱顶向拱基逐渐增大变成由拱顶到拱基逐渐减小。

（3）随着侧压系数增大（由 2.00 增大至 3.00 时），拱顶、拱肩和拱基处弯矩显著增大且拱基处增大更显著，拱顶处弯矩由 64kN·m 增大至 94kN·m，拱肩处弯矩由 67kN·m 增大至 100kN·m，拱基处弯矩由 167kN·m 增大至 250kN·m；随着侧压系数增大，拱肩和拱基处剪力均增大，拱肩处由 8kN 增大至 11kN，拱基处由 26kN 增大至 39kN。

3.2.2　松散层拱结构上覆载荷

当侧压系数为 0.54、矢跨比为 0.38 时，不同上覆载荷下松散层拱截面内力分布如图 3-6 所示，轴力和弯矩呈对称分布、剪力呈反对称分布。

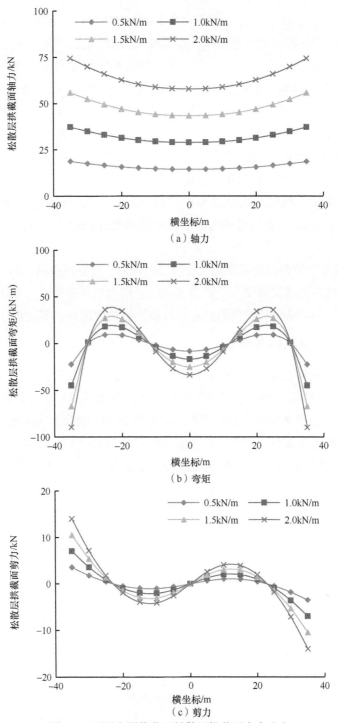

（a）轴力

（b）弯矩

（c）剪力

图 3-6 不同上覆载荷下松散层拱截面内力分布

（1）松散层拱截面轴力自拱顶向拱基逐渐增加，随着上覆载荷逐渐增加，松散层拱截面轴力逐渐增大。松散层拱拱顶处轴力由 14.5kN 增大至 57.9kN，拱基处轴力由 18.6kN 增大至 74.4kN，且拱基处轴力增加幅度大于拱肩和拱顶。

（2）松散层拱截面弯矩在拱顶处最小、拱肩处次之、拱基处最大，且随着上覆载荷逐渐增加，松散层拱截面弯矩逐渐增大。松散层拱拱顶处弯矩由 8.4kN·m 增大至 33.7kN·m，拱肩处弯矩由 9.0kN·m 增大至 36.0kN·m，拱基处弯矩由 22.5kN·m 增大至 90.0kN·m，且拱基处弯矩增加幅度大于拱顶和拱肩。

（3）松散层拱截面剪力在拱基处最大、拱肩处次之、拱顶处为 0，且随着上覆载荷逐渐增加，松散层拱拱基和拱肩剪力逐渐增大。松散层拱拱肩处剪力由 2.0kN 增大至 4.0kN，拱基处剪力由 3.5kN 增大至 14.0kN，且拱基处剪力增加幅度大于拱肩。

（4）随着上覆载荷逐渐增加，松散层拱轴力、弯矩在拱基、拱肩和拱顶处增加明显，且拱基处增加幅度大于拱肩和拱顶，剪力在拱基和拱肩处增加明显，因此松散层拱拱基、拱肩和拱顶的稳定性直接影响松散层拱的稳定性。

3.2.3　松散层拱结构矢跨比

当上覆载荷为 1.0kN/m、侧压系数为 0.54 时，不同矢跨比下松散层拱截面内力分布如图 3-7 所示，轴力和弯矩呈对称分布、剪力呈反对称分布。

（1）松散层拱截面轴力自拱顶向拱基逐渐增加，随着矢跨比逐渐增加，松散层拱截面轴力逐渐减小。松散层拱拱顶处轴力由 29kN 减小至 24.3kN，拱基处轴力由 37.2kN 减小至 33kN，且拱基处轴力减小幅度小于拱肩和拱顶。

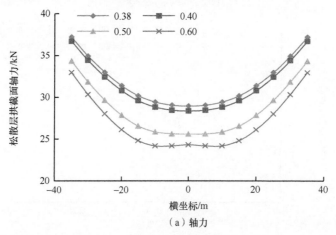

（a）轴力

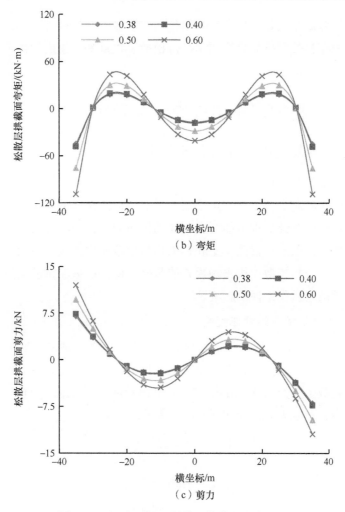

（b）弯矩

（c）剪力

图 3-7　不同矢跨比下松散层拱截面内力分布

（2）松散层拱截面弯矩在拱顶处最小、拱肩处次之、拱基处最大，且随着矢跨比逐渐增加，松散层拱截面弯矩在拱顶、拱肩和拱基处逐渐增大。松散层拱拱顶处弯矩由 16.9kN·m 增大至 40.8kN·m，拱肩处弯矩由 18.0kN·m 增大至 43.4kN·m，拱基处弯矩由 45.0kN·m 增大至 108.9kN·m，且拱基处弯矩增加幅度大于拱顶和拱肩。

（3）松散层拱截面剪力在拱基处最大、拱肩处次之、拱顶处为 0，且随着矢跨比逐渐增加，松散层拱拱基和拱肩处剪力逐渐增大。松散层拱拱肩处剪力由 2.0kN 增大至 4.4kN，拱基处剪力由 7kN 增大至 12.0kN，且拱基处剪力增加幅度大于拱肩。

（4）随着矢跨比逐渐增加，松散层拱形态由横扁平状逐渐向竖扁平状发展。

由于松散层拱弯矩在拱基、拱肩和拱顶处增加明显，且拱基处增加幅度大于拱肩和拱顶，剪力在拱基和拱肩处增加明显，松散层拱拱基、拱肩和拱顶的稳定性直接影响松散层拱稳定性。

3.3　松散层拱结构稳定性和注浆加固方法

3.3.1　松散层拱结构稳定性和失稳判据

无论从二维的拱结构分析还是从三维的壳结构分析，松散层拱主要通过发挥轴向的压应力达到对上覆岩层稳定承载的目的，但是在松散层拱的局部位置仍存在较大的弯矩，即在该处很可能产生明显的拉应力，使得松散层拱发生受拉破坏而失稳。显然，松散层拱截面弯矩和轴力均与松散层拱的尺寸参数和外部载荷分布形式相关。在分析松散层拱失稳模式的基础上研究松散层拱的结构尺寸和外部载荷形式对松散层拱稳定性的影响。

1）松散层拱拱顶压缩破坏失稳

如图 3-2 所示，松散层拱拱顶处截面轴力为压应力；拱顶处截面弯矩小于 0，表明弯矩沿顺时针方向，此时在弯矩作用下拱顶处拱体内侧为拉应力而外侧为压应力；拱顶处截面剪力为 0。由式（3-6）可得受轴力、弯矩影响时松散层拱拱顶的截面压应力、拉应力分别如式（3-19）所示：

$$\begin{cases} \sigma_N\big|_{顶} = \dfrac{q_0(24\lambda H_{\text{arch}}^2 + 7L_{\text{arch}}^2)}{56H_{\text{arch}}b_{\text{arch}}\delta_{\text{arch}}} \\[3mm] \sigma_M\big|_{顶} = -\dfrac{18\lambda q_0 H_{\text{arch}}^2}{35b_{\text{arch}}\delta_{\text{arch}}^2} \end{cases} \tag{3-19}$$

式中，b_{arch} 为松散层拱的宽度；δ_{arch} 为松散层拱的厚度。

所以，松散层拱拱顶合力为

$$\sigma_{\text{c}}\big|_{顶} = \frac{q_0(120\lambda\delta_{\text{arch}}^2 H_{\text{arch}}^2 + 35\delta_{\text{arch}}L_{\text{arch}}^2 - 144\lambda H_{\text{arch}}^3)}{280b_{\text{arch}}^2 H_{\text{arch}}\delta_{\text{arch}}^2} \tag{3-20}$$

由于 $\sigma_{\text{c}}|_{顶} > 0$，松散层拱拱顶的破坏形式为压缩破坏，当 $\sigma_{\text{c}}|_{顶} > [\sigma_{\text{c}}]$（$[\sigma_{\text{c}}]$ 为松散层的极限抗压强度）时，松散层拱拱顶将发生压缩破坏。

2）松散层拱拱肩压缩破坏失稳

如图 3-2 所示，松散层拱拱肩处截面轴力为压应力；拱肩处截面弯矩大于 0，表明在弯矩作用下拱肩处拱体内侧为压应力而外侧为拉应力；剪力对拱肩处拱体影响较小，可以忽略。由式（3-6）可得受轴力、弯矩影响时松散层拱拱肩的截面压应力、拉应力分别如式（3-21）所示：

$$\begin{cases} \sigma_N\big|_{\text{肩}} = \dfrac{q_0 L_{\text{arch}} \sqrt{336\lambda H_{\text{arch}}^2 + 49L_{\text{arch}}^2}}{56 H_{\text{arch}} b_{\text{arch}} \delta_{\text{arch}}} \\[4mm] \sigma_M\big|_{\text{肩}} = \dfrac{72\lambda q_0 H_{\text{arch}}^2}{245 b_{\text{arch}} \delta_{\text{arch}}^2} \end{cases} \quad (3\text{-}21)$$

所以，松散层拱拱肩合力为

$$\sigma_{\text{c}}\big|_{\text{肩}} = \dfrac{q_0(576\lambda H_{\text{arch}}^3 + 35\delta_{\text{arch}} L_{\text{arch}} \sqrt{49L_{\text{arch}}^2 + 336H_{\text{arch}}^2})}{1960 b_{\text{arch}} H_{\text{arch}} \delta_{\text{arch}}^2} \quad (3\text{-}22)$$

当 $\sigma_{\text{c}|\text{肩}} > 0$ 时，表明松散层拱拱肩处合力为压应力，拱肩的破坏失稳形式为压缩破坏；当 $\sigma_{\text{c}|\text{肩}} > [\sigma_{\text{c}}]$ 时，松散层拱拱肩将会发生压缩破坏失稳。

3）松散层拱拱基压缩破坏失稳

如图 3-2 所示，在松散层拱拱基处将会受到截面轴力、截面弯矩和截面剪力的综合影响，相对于轴力和弯矩而言，剪力可忽略不计，因而只考虑轴力和弯矩的影响。由于拱顶处的截面弯矩小于零，拱基处的弯矩沿顺时针方向，在截面弯矩的影响下拱体内侧表现为拉应力而外侧表现为压应力。因此，松散层拱拱基处的压应力为两者之差，在该处的破坏形式表现为压缩破坏。由式（3-6）可得在拱基处的截面压应力为

$$\sigma_{\text{c}}\big|_{\text{基}} = \dfrac{q_0\left(160\lambda L_{\text{arch}}\delta_{\text{arch}}H_{\text{arch}}^2 - 560L_{\text{arch}}\delta_{\text{arch}}H_{\text{arch}}^2 - 35\delta_{\text{arch}}L_{\text{arch}}^3 \\ \quad -192\lambda H_{\text{arch}}^3\sqrt{L_{\text{arch}}^2 + 16H_{\text{arch}}^2}\right)}{280 b H_{\text{arch}}\delta_{\text{arch}}^2\sqrt{L_{\text{arch}}^2 + 16H_{\text{arch}}^2}} \quad (3\text{-}23)$$

当 $\sigma_{\text{c}|\text{肩}} > [\sigma_{\text{c}}]$ 时，松散层拱拱基将会发生压缩破坏。

松散层拱的破坏失稳模式表现为拱顶的压缩破坏、拱肩的压缩破坏和拱基的压缩破坏。但事实上松散层拱的失稳破坏必然是由于某一位置处的截面应力值超过该处松散层的极限强度，进而首先在该处发生失稳破坏，然后其他位置在连锁反应下发生失稳破坏，最终导致整个松散层失稳破坏。也就是说，上述松散层拱拱顶的压缩破坏、拱肩的压缩破坏和拱基的压缩破坏并不是同时产生的而是存在先后顺序的。

由式（3-20）、式（3-22）、式（3-23）可知，$\sigma_{\text{c}|\text{肩}} > \sigma_{\text{c}|\text{顶}} > \sigma_{\text{c}|\text{基}}$，因此随着松散层拱承载性能的增强，松散层拱拱肩处的应力首先达到松散层的极限强度，其次是松散层拱拱顶，最后是松散层拱拱基。而通常情况下，在上覆载荷保持不变时松散层拱拱基的破坏是工作面采宽增加导致拱基产生移动变形而产生的，即拱基

的破坏和前移是诱使松散层拱破坏失稳的先决条件，然后拱肩处产生压缩失稳而导致拱顶压缩失稳，最终导致松散层拱整体破坏失稳。

3.3.2 松散层拱结构压密注浆加固方法

厚松散层分布矿区，当松散层厚度满足式（2-17）中松散层拱形成的临界松散层厚度时，松散层中能够形成松散层拱。松散层拱的稳定性直接影响上覆地层及地表的稳定性。厚松散层矿区煤炭开采覆岩运动特征及地表沉陷规律主要表现为采动影响敏感、下沉剧烈、下沉系数和下沉速度大，甚至引起大规模地表塌陷[62-73, 93-99]。基于松散层拱承载性能，提出一种通过压密注浆加固松散层拱的地表沉陷控制方法，如图3-8所示，具体流程如下：

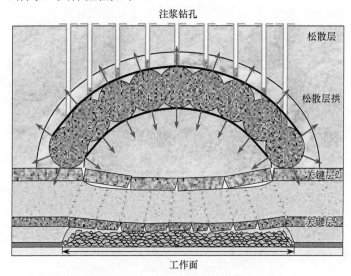

图 3-8　松散层压密注浆加固松散层拱

（1）厚松散层矿区工作面开采之前，根据工作面地质采矿条件和钻孔柱状图，通过钻孔取样开展松散层和岩层基本物理力学参数测试实验,确定其物理力学参数。

（2）将工作面参数和松散层及岩层力学参数代入式（2-10）、式（2-12）、式（2-15），确定松散层拱跨度、矢高和厚度；同时，根据式（3-20）、式（3-22）和式（3-23）判别松散层拱的稳定性。

（3）当松散层拱能够稳定承载时，工作面正常开采；当松散层拱将发生破坏失稳时，开展压密注浆加固松散层拱工程实践。

（4）采用高压注浆泵通过地面钻孔向松散层特定位置进行注浆；注浆钻孔终孔位置根据式（2-12）计算的松散层拱矢高确定；注浆压力根据注浆钻孔终孔位置处原岩应力确定；注浆材料以粉煤灰为主要材料，同时为了增加粉煤灰浆的黏结性和活性，在浆液中添加一定比例的胶结料；钻孔间距根据浆液扩散半径确定，根据文献[116]前期研究及工程实践结果，浆液有效扩散半径为 10～20m。

（5）采用"多孔、一次、上行、分阶段"工艺，按照 1、2、3、4、5 的顺序进行注浆，注浆后浆体和松散层固结形成的结构体形态为由下往上的拱形串珠状；注浆过程中拱形串珠状结构体一方面对浆液扩散半径范围内的松散层起到改性固结增加强度作用，另一方面注浆压力对相邻松散层起到压密固结作用；工作面回采过程中，拱形串珠状结构体联合松散层拱对上覆地层及地表发挥承载控制作用。

第4章　松散层拱结构形态特征和时空演化规律

4.1　松散层相似材料配制和物理力学性质

4.1.1　松散层相似材料配比确定

实验室物理模拟实验是否符合现场工程实际条件，所获得的实验数据能否真实反映采场上覆岩层移动和变形规律，取决于物理模型和原型相似条件的满足程度[117-126]。虽然，在我国华东、华北和东北等矿区广泛分布着厚松散层，但是由于松散层自身呈现弱胶结性，现场取样进行实验室岩石力学参数测试极其困难，加上松散层组成成分复杂，对于松散层力学参数的实测数据相对较少。顾伟等[108]测试了兖州鲍店煤矿第四系黏土及砂质黏土的密度和抗压强度。黄庆享[127]通过实验测试了神府矿区地表砂土层的密度、抗压强度、内摩擦角和泊松比等力学参数。张东升等[128]测试了神东大柳塔矿区地表风积砂的密度、弹性模量、黏聚力和泊松比等力学参数。获得的松散层力学参数现场实测数据见表4-1。

表4-1　松散层实测力学参数

密度/ (g/cm³)	抗压强度/MPa	抗拉强度/MPa	黏聚力/MPa	内摩擦角/ (°)	泊松比	弹性模量/ GPa
1.8~2.25	5~13	0.3~0.8	0.5~2.0	8~13	0.25~0.40	0.1~5.0

根据物理模拟所遵循的相似理论，在设计物理模拟试验时，必须遵循以下相似条件，即几何相似、时间相似、物理现象相似、初始条件和边界条件相似、各同名无因次参数相似等[117]。根据表4-1中松散层实测力学参数，结合实验条件，首先确定原型和模型的几何相似比为100∶1，其次确定容重相似比为1.67∶1，最后根据矿山压力的相似模拟试验准则，确定应力相似比为167∶1，强度相似比为167∶1，内摩擦角相似比为1∶1，泊松比相似比为1∶1。因此，物理模拟中松散层的力学参数见表4-2。

表4-2　松散层物理模拟力学参数

密度/ (g/cm³)	抗压强度/ kPa	抗拉强度/ kPa	黏聚力/ kPa	内摩擦角/ (°)	泊松比	弹性模量/ MPa
1.2~1.5	30~78	1.8~4.8	2.9~11.9	8~13	0.35~0.40	0.60~30.0

根据松散层实测数据和模型与原型的相似比确定了物理模拟中松散层的力学参数。以下将根据松散层的特性选用合理的相似材料进行配比，最终使松散层的力学参数符合表 4-2 中的相关数据。以往物理模拟只研究基岩的移动规律，因而对于基岩不同岩性的相似材料配比已经相当成熟，基岩的相似材料配比主要以河砂为基本骨料，胶结料主要有石膏、石灰和水泥等。而对于松散层的相似材料配比的研究则较少。目前对于物理模拟中松散层的相似材料及配比主要采用两种方案，一种是以河砂为基本骨料，降低胶结料的含量或者用纯砂或小粒径的石子模拟松散层[108, 128]；另外一种是以河砂为基本骨料配合一定比例的锯末，添加少量胶结料来模拟[108, 129]。

在进行松散层材料配比的探索试验中，结合文献资料，决定采用河砂为骨料，细粒干燥锯末为辅料，不添加胶结料进行配比试验。为此，设计的 7 组配比方案见表 4-3，进行相似材料配比的初步试验以确定松散层试件的单轴抗压强度、弹性模量和密度等参数，试验中不同方案的松散层试件的配比为质量比。

表4-3　相似材料配比方案

试验方案	1	2	3	4	5	6	7
相似材料配比（河砂∶锯末）	1∶0	5∶1	6∶1	7∶1	8∶1	9∶1	10∶1

按照表 4-3 中所示的不同配比方案，制作直径为 50mm、高度为 100mm 的标准圆柱形试件，每组方案中配制 5 个试件。试件制作过程中保持两端表面平整和相互平行，挑选符合测试标准的试件，配比材料及试件如图 4-1 所示。

（a）砂子　　　　　　　　　　　　（b）锯末

（c）配比试件

图 4-1　试验配比材料及试件

在测试之前对所有标准试件进行严格筛选，排除试件表面有明显破损、可见裂纹、尺寸及平整度不满足要求的试件。对满足要求的标准试件进行密度和单轴抗压强度测试。测试单轴抗压强度时，加载速率为 0.1mm/min。经过多组试验，整理得到不同方案中试件的基本参数见表 4-4。

表4-4　相似材料配比试件测试结果

试验方案	1	2	3	4	5	6	7
相似材料配比（河砂：锯末）	1：0	5：1	6：1	7：1	8：1	9：1	10：1
平均密度/（g/cm³）	1.55	1.04	1.07	1.08	1.12	1.15	1.19
平均单轴抗压强度/kPa	150	128.8	—	—	82.5	50	42.5

4.1.2　松散层相似材料物理力学参数

将表 4-4 中的测试结果与表 4-2 中的力学参数相比可知，决定物理模拟中松散层试件的配比为砂子和锯末的质量比为 10：1。为进一步研究该配比时材料的其他力学参数，继续通过力学测试测定其基本参数，实验室中主要进行密度测试、抗压强度测试（试件尺寸：Φ50mm×100mm）、抗拉强度测试（试件尺寸：Φ50mm×25mm）和抗剪强度测试（试件尺寸：70mm×70mm×70mm）。图 4-2 为标准松散层试件及相关参数测试过程。

1）密度测试

对不同方案中不同试件进行密度测试，测量获得的密度数据见表 4-5～表 4-7，其中立方体试件的平均密度为 1.21g/cm³，圆柱试件的平均密度分别为 1.24g/cm³ 及 1.19g/cm³，最终整个试件的平均密度为 1.21g/cm³。

表4-5 松散层试件密度测试（立方体70mm×70mm×70mm） （单位：g/cm³）

试验方案	1-1	1-2	1-3	1-4	1-5	1-6	1-7	1-8	平均值
密度	1.19	1.25	1.21	1.21	1.19	1.2	1.22	1.19	1.21

表4-6 松散层试件密度测试（圆柱Φ50mm×100mm） （单位：g/cm³）

试验方案	2-1	2-2	2-3	2-4	2-5	2-6	2-7	2-8	平均值
密度	1.23	1.28	1.21	1.25	1.27	1.19	1.26	1.26	1.24

（b）抗压强度测试

（c）抗拉强度测试

（a）松散层试件 （d）抗剪强度测试

图4-2 标准松散层试件及相关参数测试过程

表4-7 松散层试件密度测试（圆柱Φ50mm×25mm） （单位：g/cm³）

试验方案	3-1	3-2	3-3	3-4	3-5	3-6	3-7	3-8	3-9	平均值
密度	1.28	1.22	1.3	1.09	1.19	1.15	1.25	1.06	1.14	1.19

2）抗压强度测试

图4-3为松散层试件单轴抗压强度测试中的"全应力-应变"曲线。与岩石试件"全应力-应变"曲线变化规律相同，松散层试件"全应力-应变"曲线同样划分为四个阶段：①压密阶段，试件中微裂隙在轴向压力作用下逐渐被压密。②弹性变形阶段，试件的"全应力-应变"曲线近似为直线，据此可得松散层试件的弹性极限强度，该阶段内"全应力-应变"曲线的斜率即松散层试件的弹性模量。③塑性变形阶段，该阶段内松散层试件在平行于压力机加载轴方向形成了大量的细微裂隙，因而曲线的斜率逐渐减小。④峰后变形与破坏阶段，当松

散层加载应力超过了其峰值抗压强度后，虽然松散层试件产生破坏，但是并没有完全失去承载能力，而是保持较小的数值，此时应力减小速度加快。松散层试件单轴抗压强度和弹性模量见表 4-8，试件平均单轴抗压强度为 30.1kPa，平均弹性模量为 0.95MPa。

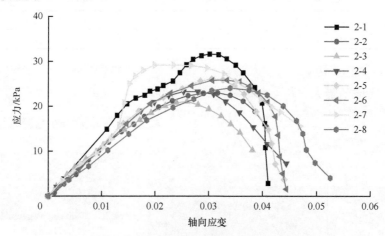

图 4-3   松散层试件"全应力-应变"曲线

表4-8   松散层试件单轴抗压强度和弹性模量测试

试验方案	2-1	2-2	2-3	2-4	2-5	2-6	2-7	2-8	平均值
抗压强度/kPa	33.3	26.4	23.6	26.8	35.3	28.8	33.3	33.3	30.1
弹性模量/MPa	0.98	1.00	0.89	0.84	1.21	0.81	0.88	1.00	0.95

3）抗拉强度测试

松散层试件抗拉强度测试采用巴西劈裂法，经过多组测试获得的松散层试件单轴抗拉强度见表 4-9，最终获得的试件单轴抗拉强度平均值为 3.7kPa，显然该配比条件下松散层的抗拉强度极低，极易出现受拉破坏。

表4-9   松散层试件单轴抗拉强度测试   （单位：kPa）

试验方案	3-1	3-2	3-3	3-4	3-5	3-6	3-7	3-8	3-9	平均值
单轴抗拉强度	3.2	1.9	3.3	2.9	—	3.7	8.4	2.7	3.7	3.7

4）抗剪强度测试

采用变角板法进行剪切试验。变角板法是利用压力机施加的竖向垂直载荷，通过配套的试件夹具使试件在受载荷时沿着某一剪切面剪断，然后通过静力学平衡条件计算剪切面上的正应力和剪应力，并绘制正应力和剪应力的关系曲线，最终求得试件的黏聚力和内摩擦角。采用变角板法进行松散层试件的单轴抗剪试验时，将 8 个松散层试件划分为 4 组，每组 2 个，分别做夹角为 65°、60°、55°和 45° 4 组测试，然后通过式（4-1）计算得出不同夹角时试件受到的正应力和剪应力，形成如图 4-4 所示的曲线。

$$\begin{cases} \sigma = \dfrac{P}{A}\left(\cos\alpha + f\sin\alpha\right) \\[2mm] \tau = \dfrac{P}{A}\left(\sin\alpha - f\cos\alpha\right) \end{cases} \tag{4-1}$$

式中，σ 为垂直剪切面上的法向压力；τ 为剪断面上的极限剪应力（抗剪强度）；P 为试件破断时的最大垂直载荷；A 为剪断面的面积；f 为滚轴的动摩擦系数；α 为剪断面与水平面的夹角。

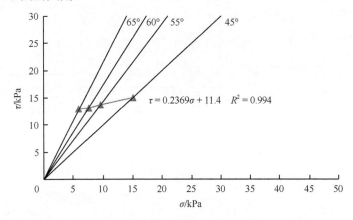

图4-4　松散层试件 $\sigma\text{-}\tau$ 关系曲线

由图 4-4 所示的松散层试件的 $\sigma\text{-}\tau$ 关系曲线可知，由于试件的 $\sigma<10\mathrm{MPa}$，可以将试验结果按照直线处理，将该曲线进行最小二乘法拟合得到松散层试件的抗剪强度，如式（4-2）所示。松散层试件的黏聚力为 11.4kPa，内摩擦角为 13.3°。

$$\tau = 0.2369\sigma + 11.4 \qquad R^2 = 0.994 \tag{4-2}$$

因此，通过松散层试件的密度测试、抗压强度测试、抗拉强度测试以及抗剪强度测试确定了该配比下松散层试件的力学参数，见表 4-10。对比发现，表 4-10 所示的数据能够较好地符合表 4-2 中松散层试件的目标力学参数，因而最终的试验中使用该材料配比作为松散层的相似模拟。

表4-10　松散层力学参数实验室测量数据

密度/（g/cm³）	抗压强度/kPa	抗拉强度/kPa	黏聚力/kPa	内摩擦角/（°）	弹性模量/MPa
1.21	30.1	3.7	11.4	13.3	0.95

4.2　松散层拱结构形态特征和时空演化实验方案

4.2.1　实验方案及位移和应力监测

为了研究工作面回采过程中松散层拱的形态特征和空间演化规律，设计了如图 4-5 所示的实验方案。

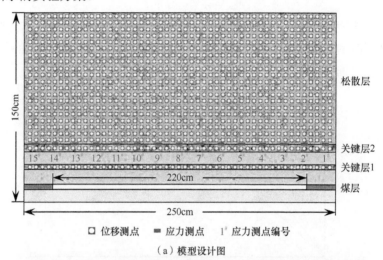

（a）模型设计图

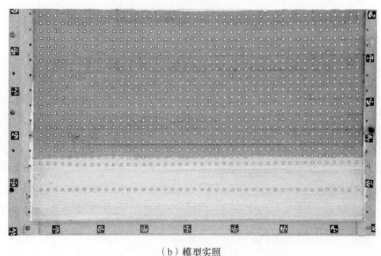

（b）模型实照

图 4-5　相似物理模拟实验模型

物理模拟中模型宽度为 250cm，高度为 150cm，厚度为 30cm。根据前述松散层相似材料配比试验，物理模拟中几何相似比为 100：1、容重相似比为 1.67：1、应力相似比为 167：1、强度相似比为 167：1。试验材料以河砂为基本骨料，辅料为石膏、碳酸钙、云母粉，根据相似理论确定模型中各分层的物理力学参数，见表 4-11。需要注意的是，模型铺设过程中松散层材料和模型开采时松散层材料的含水率应与松散层配比试验中保持一致，经测定松散层材料含水率变化如图 4-6 所示，试验表明在铺设松散层时其含水率约为 15.6%，模型经过一段时间干燥后至开采时的含水率约为 7.5%。试验过程中，模型两侧各留设 15cm 的边界保护煤柱，工作面从右向左逐次开挖，每次开挖尺寸为 5cm，开挖时间间隔为 15min，工作面累计推进长度为 230cm。

表4-11 物理模型力学参数

岩层编号	岩层名称	厚度/cm	配比号	砂子/kg	碳酸钙/kg	石膏/kg	水/kg	容重/(kN/m³) 原型	模型	弹性模量/GPa 原型	模型	抗压强度/MPa 原型	模型	泊松比 原型	模型
1	松散层	100	砂子和锯末分别为 850.91kg 和 85.1kg					18～22.5	12	0.1～5.0	0.00093	5～13	0.030	0.35～0.40	0.35
2	关键层2	6	537	63.36	3.8	8.87	8.45	24.7	15	22	0.13174	37	0.222	0.20	0.20
3	软岩2	12	573	126.72	17.74	7.6	16.9	20.2	15	8	0.04790	15	0.090	0.28	0.28
4	关键层1	4	655	43.45	3.62	3.62	5.63	22.4	15	16	0.09581	26	0.158	0.22	0.22
5	软岩1	14	573	177.4	147.84	20.7	8.87	19.71	15	8	0.04790	15	0.090	0.28	0.28
6	煤层	4	773	44.35	4.44	1.9	5.63	13.5	15	3	0.01796	12	0.070	0.28	0.28
7	底板	10	473	101.38	17.74	7.60	14.08	22.4	15	16	0.09581	26	0.158	0.22	0.22

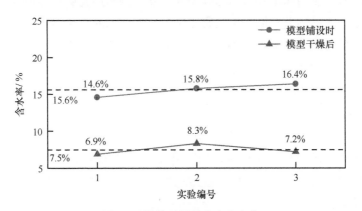

图 4-6 松散层材料含水率变化

　　模型中分别采用位移监测和应力监测。共计布置水平位移测线 22 条，其中 20 条测线布置于松散层中，2 条测线布置于两层关键层中。每条测线布置 44 个位移测点，相邻两个位移测点间水平距离为 5cm，垂直间距为 5cm，累计布置位移测点 968 个。工作面回采过程中，采用 DigiMetric 三维摄影测量系统进行位移监测，测量精度为 0.1mm/4m，工作面每回采一个步距进行一次测量，应力监测采用 BW 型箔式微型土压力盒，监测采用 24h 连续监测，监测频率为 1Hz，试验中所使用的位移及应力监测仪器如图 4-7 所示。

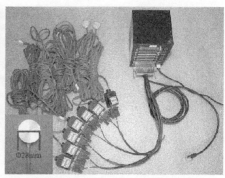

（a）DigiMetric三维摄影测量系统　　　　　　　（b）UEILogger应力动态监测系统

图 4-7　物理模拟试验位移及应力监测仪器

4.2.2　采动覆岩主应变场计算方法

　　物理模拟实验中水平应力和垂直应力的监测始终是研究采动应力场演化规律的瓶颈，要想监测出应力的绝对值更是难上加难，而计算采动覆岩主应力分布时除了要知道水平应力和垂直应力之外还需要监测到剪应力数值，但是剪应力的监测更是困难，所以物理模拟中无法研究采动主应力场的演化规律。

　　基于位移与应变的解析关系[113]，在采场上覆岩层位移监测数据的基础上，将上覆松散层未破坏前视为弹性体，通过研究主应变场来反映主应力场的变化规律。需要指出的是，尽管位移数据仅为松散层表面移动数据，所计算出来的应变同样发生于松散层表面，但是在实际问题中最大应变往往发生于所研究材料构件的表层[113]，因此可以认为计算得出的松散层表面主应变能够反映松散层运动过程中真实的应变演化规律。如图 4-8 所示的 xOy 直角坐标系中，平面内一构件 NML 变形后变为 $N'M'L'$，建立如式（4-3）所示的用位移的偏导数表示应变分量的关系式。

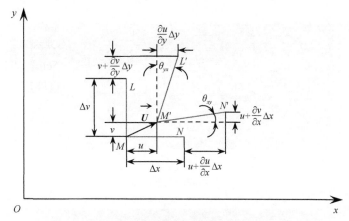

图 4-8　位移与应变分量

u-x 轴方向的位移；v-y 轴方向的位移；θ_{xy}-x 轴方向线段 MN 的转角；θ_{yx}-y 轴方向线段 ML 的转角；Δx-线段 MN 的长度；Δv-线段 ML 的长度

$$\begin{cases} \varepsilon_x = \dfrac{\partial u}{\partial x} \\[2mm] \varepsilon_y = \dfrac{\partial v}{\partial y} \\[2mm] \gamma_{xy} = -\left(\dfrac{\partial v}{\partial x} + \dfrac{\partial u}{\partial y} \right) \end{cases} \tag{4-3}$$

式中，ε_x、ε_y 分别为 x 轴、y 轴方向的线应变；γ_{xy} 为切应变。

根据应变分量可按式（4-4）计算得出主应变：

$$\left.\begin{array}{r} \varepsilon_{\max} \\ \varepsilon_{\min} \end{array}\right\} = \frac{\varepsilon_x + \varepsilon_y}{2} \pm \sqrt{\left(\frac{\varepsilon_x - \varepsilon_y}{2} \right)^2 + \left(\frac{\gamma_{xy}}{2} \right)^2} \tag{4-4}$$

式中，$\varepsilon_{\max}$、$\varepsilon_{\min}$ 分别为最大、最小主应变。

将图 4-5 中相互垂直的相邻 3 个位移测点视为如图 4-8 所示的构件 NML，通过位移监测可以获得每个位移测点变形前后的二维坐标，即能够获得测点变形后的水平位移和垂直位移，在位移数据已知的条件下通过式（4-3）和式（4-4）即可得到每个测点处的主应变。以此类推即可获得模型中每个测点的应变值。理论上，两相邻测点间距离越小，计算得出的应变越准确，但是受测量仪器对于测点可识别度的限制，相邻测点间距离设置为 5cm。图 4-9～图 4-12 为工作面回采过程中上覆松散层最大主应变的演化特征。

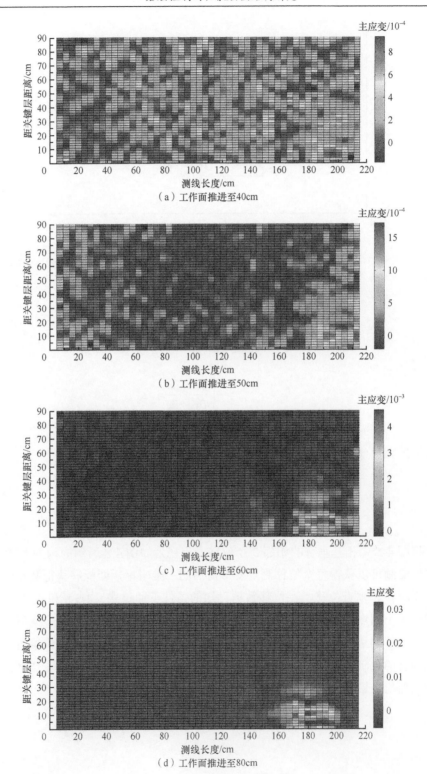

（a）工作面推进至40cm

（b）工作面推进至50cm

（c）工作面推进至60cm

（d）工作面推进至80cm

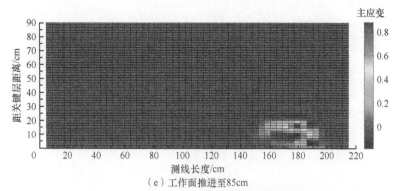

（e）工作面推进至85cm

图 4-9　第一次松散层拱形成时主应变场分布图

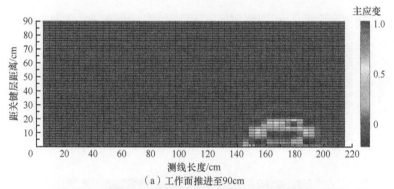

（a）工作面推进至90cm

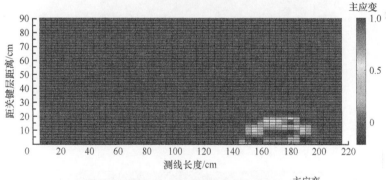

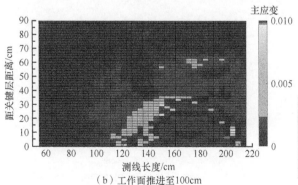

（b）工作面推进至100cm

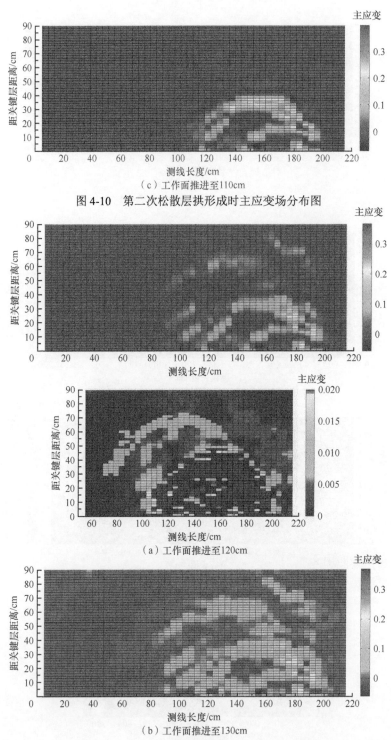

（c）工作面推进至110cm

图 4-10　第二次松散层拱形成时主应变场分布图

（a）工作面推进至120cm

（b）工作面推进至130cm

图 4-11　第三次松散层拱形成时主应变场分布图

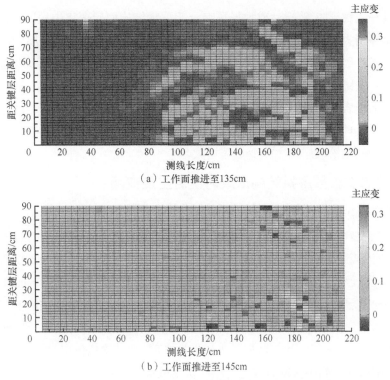

（a）工作面推进至135cm

（b）工作面推进至145cm

图 4-12　第三次松散层拱失稳破坏后主应变场分布图

4.3　松散层拱结构影响下覆岩主应变场时空演化规律

4.3.1　第一次松散层拱结构形成时覆岩主应变场

当工作面推进长度小于 40cm 时，松散层主应变并没有发生明显的变化，且主应变场整体处于无序特征；当工作面推进至 50cm 时，关键层 2 尚未破断，松散层主应变分布由无序状态逐渐在工作面的正上方开始形成应变集中区，但是主应变集中区仍然不能形成稳定的形态。

随着工作面继续向前推进，主应变集中区逐渐凸显，主应变集中区的范围逐渐稳定，应变集中程度逐渐增大；当工作面推进至 80cm 时，主应变集中区形成稳定的拱形分布，第一次松散层拱结构完全形成，但是此时关键层 2 尚未破断，因此可以得出松散层拱在关键层 2 破断之前已经完全形成。

当工作面推进至 85cm 时，关键层 2 发生初次破断，松散层主应变集中区随着关键层 2 的破断同步下沉，与未破断之前相比松散层主应变集中区形态并未发生显著变化，即松散层拱形态并不会随着关键层 2 的破断而发生突变，只是由于松散层拱在关键层 2 破断后成为采场唯一的承载结构而应变集中程度在关键层 2 破断后显著增大。应变集中区中最大主应变集中于松散层拱的拱顶部分，说明关键层 2 的初次破断不是松散层拱形成的原因。

因此，关键层 2 破断之前采场上覆岩层的承载结构为关键层 2，关键层 2 破断后采场上覆岩层的承载结构为松散层拱；松散层拱的形成需要一个过程并在关键层 2 破断之前已经形成且形态已稳定；松散层拱形态在关键层 2 破断前后不会发生突变，但是松散层拱主应变显著增大。

4.3.2　第二次松散层拱结构形成时覆岩主应变场

关键层 2 初次破断后，随着工作面继续向前推进，松散层拱的形态特征基本保持不变，而应变集中程度继续快速增大；当工作面推进至 100cm 时，与推进至 90cm 相比，主应变集中程度和应变集中区形态基本无变化，表明此时第一次松散层拱结构的承载能力已经达到极限，预示着第二次松散层拱结构开始孕育；对工作面推进 100cm 的松散层主应变分布图做放大处理，发现此时第一次松散层拱的上方出现了第二个拱形应变集中区，但是该区域应变集中程度明显小于下方的第一次松散层拱应变集中区，表明在第一次松散层拱失稳破坏之前，第二次松散层拱已经开始孕育，第二次松散层拱开始孕育的时候即为第一次松散层拱濒临失稳破坏的时候。

当工作面推进至 110cm 时，关键层 2 发生第一次周期破断，第一次松散层拱随之发生失稳破坏，与第一次松散层拱在关键层 2 初次破断前后变化特征相同，第二次松散层拱在关键层 2 第一次周期破断后成为采场上覆岩层唯一的承载结构，第一次松散层拱失稳前后第二次松散层拱形态特征无明显变化而主应变集中程度显著增大，同样关键层 2 的第一次周期破断不是第一次松散层拱失稳破坏的原因，而是由于第一次松散层拱濒临失稳破坏，其上方形成了第二次松散层拱，第二次松散层拱的承载作用改变了关键层 2 的载荷分布，关键层 2 跨距达到了极限长度，因而发生破断。

因此，松散层拱随着关键层 2 的周期性破断而呈现周期性；下一周期松散层拱形成于上一周期松散层拱失稳之前，上一周期松散层拱中主应变集中程度随着工作面的推进变化较小时标志着上一周期松散层拱濒临失稳和下一周期松散层拱开始形成；松散层拱形态在关键层 2 周期破断前后不会发生突变。

4.3.3　第三次松散层拱结构形成时覆岩主应变场

第一次松散层拱失稳破坏后，随着工作面向前推进，第二次松散层拱的形态变化较小，只是由于松散层拱发挥承载作用其主应变集中程度逐渐增大；与上一周期松散层拱形成过程相类似，当第二次松散层拱中主应变集中程度达到最大值并保持

不变时，预示着第三次松散层拱开始孕育，如工作面推进至 110～120cm 时，主应
变集中程度变化较小，但是工作面推进至 120cm 时的主应变分布图中第二次松散层
拱应变集中区上方出现了另一较轻微的应变集中区，同样对工作面推进至 120cm 时
的主应变分布图进行放大处理，发现此时第二次松散层拱上方的第三个拱形应变集
中区更加明显，但是该区域应变集中程度明显小于下方的第二次松散层拱应变集中
区，表明在第二次松散层拱失稳破坏之前，第三次松散层拱已经开始孕育，第三次
松散层拱开始孕育时即为第二次松散层拱濒临失稳破坏的时候。

当工作面推进至 130cm 时，关键层 2 发生第二次周期破断，第二次松散层拱
随之发生失稳破坏，与第二次松散层拱在关键层 2 第一次周期破断后前后变化特
征相同，第三次松散层拱在关键层 2 第二次周期破断后成为采场上覆岩层唯一的
承载结构，第二次松散层拱失稳前后第三次松散层拱形态特征无明显变化而主应
变集中程度显著增大，同样关键层 2 的第二次周期破断不是第二次松散层拱失稳
破坏的原因，而是由于第二次松散层拱濒临失稳破坏，其上方形成了第三次松散
层拱，第三次松散层拱的承载作用改变了关键层 2 的载荷分布，在此条件下关键
层 2 跨距达到了极限长度，发生破断。

4.3.4　第三次松散层拱结构失稳破坏后覆岩主应变场

第二次松散层拱失稳破坏后，随着工作面向前推进，第三次松散层拱的形态
变化较小，而由于松散层拱发挥承载作用，其主应变集中程度逐渐增大；与上一
周期松散层拱形成过程相类似，当第二次松散层拱中主应变集中程度达到最大值
并保持不变时，预示着下一次松散层拱的孕育或者松散层拱完全失稳。

当工作面推进至 135cm 时，松散层拱主应变保持不变，但是从主应变分布图
中可以看出，第三次松散层拱上方不再出现另一应变集中区，表明上覆松散层中
只能形成三次松散层拱；当工作面继续推进至 145cm 时，松散层主应变分布图中
不再出现明显的应变集中区域，表明此时松散层拱已完全失稳破坏，上覆岩层承
载结构消失。

4.4　基于应变场的松散层拱结构形态特征和时空演化规律

将松散层拱形成时的主应变集中区与采场上覆岩层移动图片进行合成，如图
4-13 所示。

（1）工作面回采过程中，采场上覆松散层中形成了主应变集中的拱形区域，
松散层拱可以用拱形应变集中区的内外包络线表示。工作面回采过程中，松散层
拱的厚度和跨度逐渐增大，松散层拱拱肩处的应变集中程度大于拱顶处。

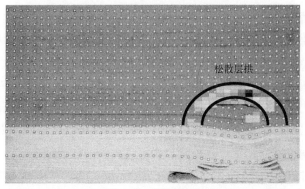

（a）第一次松散层拱

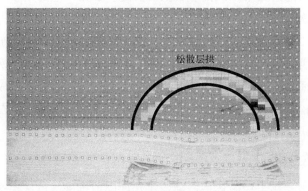

（b）第二次松散层拱

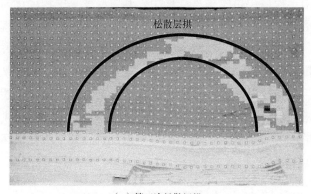

（c）第三次松散层拱

图 4-13　采动覆岩松散层拱演化规律

（2）关键层 2 破断之前，采场上覆岩层的承载结构为关键层，当关键层 2 初次破断后并进入周期破断时，采场上覆岩层的承载结构为松散层拱，当松散层拱的高度超过模型顶界面，松散层拱消失，采动覆岩松散层拱随着关键层 2 的周期性破断而周期性变化。

（3）上一周期松散层拱破坏失稳后，松散层发生垮落，垮落后的松散层形态即为垮落拱，垮落拱的顶界面与松散层拱主应变集中区间存在明显的离层，离层高度随着松散层拱的周期性而逐渐向上跳跃式发展。这与文献[112]中采用三维测量系统现场实测获得的表土层中离层演化规律相同，这也从现场直接证明了松散层拱的存在及松散层拱同样对上覆岩层发挥控制作用。

对图 4-13 中主应变拱的外包络线进行曲线拟合，通过对比分析相似模拟实验中松散层拱矢跨比和按照 2.3 节中的理论计算结果，得到如图 4-14 所示结果，工作面回采过程中出现的三次松散层拱形态均符合椭圆形拟合结果；同时参照 4.1 节中松散层的泊松比可取 0.25～0.40，按照理论计算松散层拱的矢跨比为 0.58～0.82，相似模拟实验中三次松散层拱的矢跨比分别为 0.55、0.53 和 0.56，三次松散层拱的矢跨比均略小于理论计算范围，相似模拟实验结果验证了 2.3 节中理论计算的正确性，同样也表明试验确定的松散层相似材料配比的合理性。

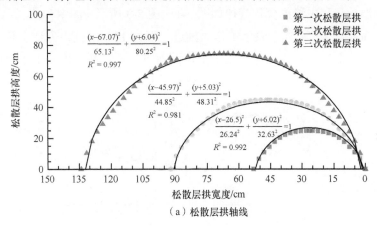

（a）松散层拱轴线

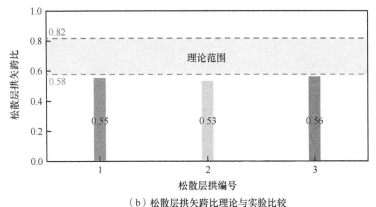

（b）松散层拱矢跨比理论与实验比较

图 4-14　松散层拱轴线拟合

第5章　松散层拱结构对松散层载荷传递的影响

5.1　松散层拱结构载荷传递效应物理模拟

5.1.1　采动覆岩应力场演化规律

物理模拟实验时在关键层 2 顶界面布置了 15 个 BW 型箔式微型土压力盒用于监测工作面回采过程中关键层 2 顶界面应力演化规律，如图 4-5 所示。物理模拟实验中应力监测获得的数据只能定性地说明应力变化趋势，应力增大和减小量不能直接对应于测点处应力的变化值，关键层 2 顶界面应力随工作面开采及松散层拱周期性承载和失稳的变化规律如图 5-1～图 5-3 所示，图中 "①、②、③、…"表示工作面推进长度，如①表示工作面推进长度为 10cm，其下方数字表示测点距工作面距离，数字为正表示测点位于工作面前方，反之测点位于工作面后方。关键层 2 顶界面应力变化分以下 3 个阶段进行分析。

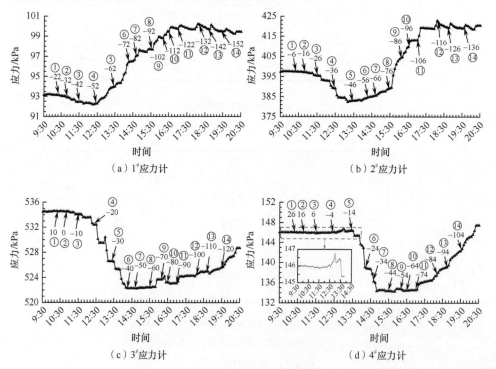

（a）1#应力计　　（b）2#应力计

（c）3#应力计　　（d）4#应力计

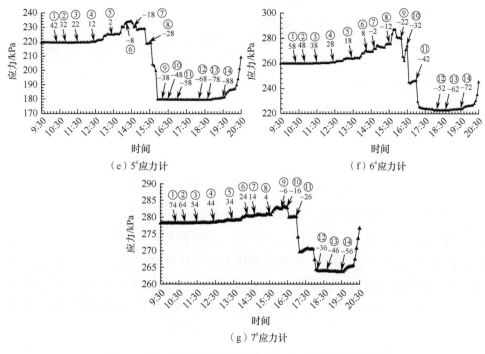

（e）5#应力计　　　　　　　　（f）6#应力计

（g）7#应力计

图 5-1　第一次松散层拱形成时关键层 2 顶界面应力分布

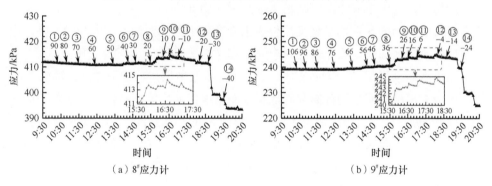

（a）8#应力计　　　　　　　　（b）9#应力计

图 5-2　第二次松散层拱形成时关键层 2 顶界面应力分布

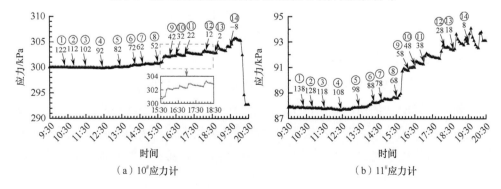

（a）10#应力计　　　　　　　　（b）11#应力计

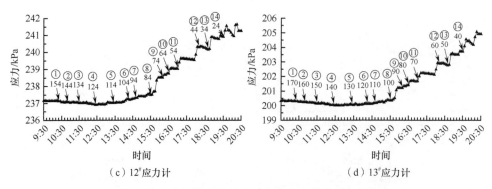

图5-3　第三次松散层拱形成时关键层2顶界面应力分布

1）第一次松散层拱形成时关键层2顶界面应力演化规律

当工作面推进长度为0～40cm时，第一次松散层拱尚未形成，关键层2顶界面的应力分布无明显变化；随着上覆松散层主应变场中应变集中现象逐渐凸显，第一次松散层拱开始逐渐形成，与工作面推进长度为10cm相比，工作面推进长度为40cm时松散层主应变集中区正下方的2#和3#应力计处应力减小，而位于主应变集中区两侧的1#、4#和5#应力计处应力增大。

当工作面继续向前推进至50～70cm，松散层主应变集中区向前移动，且主应变逐渐增加，位于主应变集中区正下方的2#应力计应力开始上升，而原先位于主应变集中区外侧的5#应力计转变成位于主应变集中区的两侧且应力开始下降。由于主应变集中区前移，原先未受影响的6#和7#应力计处应力开始上升。

当工作面推进至70～80cm时，由于第一次松散层拱已经形成，关键层2顶界面的应力出现了明显的升高和降低现象而呈现出非均匀分布特征；随着关键层2的初次破断，原先位于松散层拱主应变集中区两侧的1#、2#、6#、7#和8#应力计应力继续上升，而原先位于松散层拱主应变集中区正下方的3#和4#应力计应力出现上升，但是上述应力计应力变化均较小，相比工作面推进长度为70cm，工作面推进长度为80cm时5#应力计应力下降。

因此，由于松散层拱的承载作用，位于松散层拱正下方的应力降低而位于两侧拱基处的应力升高，关键层2在初次破断之前应力分布不均匀，关键层2初次破断前后其应力分布并无显著变化。

2）第二次松散层拱形成时关键层2顶界面应力演化规律

随着关键层2的初次破断，工作面继续向前推进，第一次松散层拱上方初步形成第二次松散层拱，第二次松散层拱范围显著大于第一次松散层拱，因而位于松散层拱右侧拱基处的1#和2#应力计应力继续上升，而左侧位于第一次松散层拱拱基处的 6# 和 7# 应力计因进入第二次松散层拱主应变集中区的正下方而应力出现降低，左侧原先不受第一次松散层拱影响的 8# 和 9# 应力计开始受到第二次松散层拱的影响而应力开始上升。

当关键层 2 发生第一次周期破断，上述应力计的应力延续关键层 2 第一次周期破断之前的变化态势而发生变化，但是与关键层 2 初次破断前后其上应力变化特征相似，关键层 2 第一次周期破断前后其上覆应力同样没有发生显著变化。

因此，关键层 2 第一次周期破断之前由于松散层拱作用其上覆应力呈现出非均匀分布，关键层 2 初次破断前后其上覆应力变化并不明显。

3）第三次松散层拱形成时关键层 2 顶界面应力演化规律

与关键层 2 第一次周期破断、第二次松散层拱形成阶段关键层 2 上覆应力变化规律相同，由于松散层拱对上覆岩层的承载作用，位于松散层拱正下方的应力减小而位于松散层两侧拱基处的应力升高；关键层 2 在第二次周期破断之前其上应力分布不均匀，关键层 2 第二次周期破断前后其上覆应力变化同样并不明显。

5.1.2　松散层拱结构对关键层载荷分布的影响

压力传感器所监测的数据为应力变化量，无法真实监测到载荷分布的峰值大小，且不同的传感器特性和测量时间等存在差异，无法对原始监测结果进行数值对比，因此对原始监测到的应力变化结果进行归一化处理。图 5-4 为工作面推进长度由 40cm 增大至 150cm 时关键层 2 顶界面载荷分布规律和应力集中系数值随采宽的变化规律。

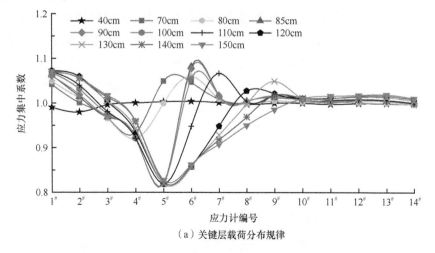

（a）关键层载荷分布规律

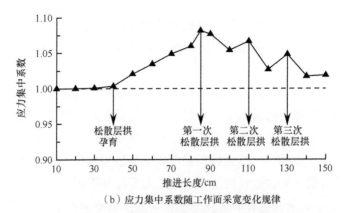

（b）应力集中系数随工作面采宽变化规律

图 5-4　关键层 2 顶界面载荷分布规律

（1）松散层拱控制了其上覆岩层下沉和变形，同时将上覆岩层载荷向两侧拱基处转移；受采场上覆松散层拱承载作用影响，关键层 2 载荷可以划分为 3 个区域：松散层拱拱内区域、松散层拱承载区域和松散层拱拱外区域。松散层拱拱内区域为应力降低区，关键层 2 载荷可以视为垮落下的松散层的自重载荷，其载荷分布形态与垮落拱形态相同；松散层拱承载区域为应力升高区，其分布形态与工作面超前支承压力分布形态相同；松散层拱拱外区域不受松散层拱影响而处于原岩应力状态。随着工作面逐步回采，关键层 2 上覆载荷动态变化，应力在采空区上方逐渐降低而在两侧集中程度逐渐增加。

（2）第一次松散层拱形成后，随着推进长度的继续增大，松散层拱拱基侧的应力峰值逐渐降低；随着松散层中第二次松散层拱开始孕育，应力峰值又逐渐增大并在第二次松散层拱承载时达到最大，但是第二次松散层拱拱基两侧的峰值应力集中系数显然小于第一次松散层拱两侧载荷；随着第二次松散层拱的失稳破坏和第三次松散层拱的孕育和承载，松散层拱拱基两侧载荷变化规律与第二次松散层拱孕育、形成和失稳破坏过程一样。显然松散层拱拱基侧的关键层载荷分布规律与工作面超前支承压力分布形势相同。当第三次松散层拱失稳破坏后，地表下沉值达到最大值，松散层拱拱基两侧的应力集中现象逐渐减小。

5.2　松散层拱结构载荷传递效应数值模拟

5.2.1　采动覆岩力链场演化规律

为了能够模拟松散层的随机介质力学特性，采用 PFC^{2D} 数值模拟软件研究松散层拱空间演化过程中的载荷传递效应。数值模型尺寸及松散层和岩层尺寸与第

4 章物理模拟实验模型相同。工作面回采过程中，采场上覆岩层垮落和力链演化特征如图 5-5 所示。

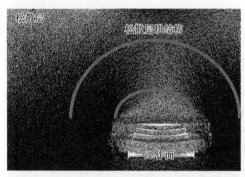
（a）工作面采宽为70m，松散层拱初步形成

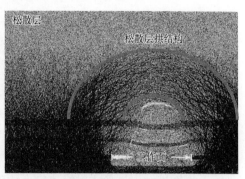
（b）工作面采宽为85m，第一次松散层拱

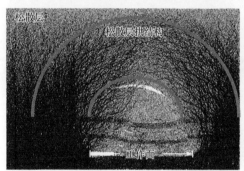
（c）工作面采宽为110m，第二次松散层拱

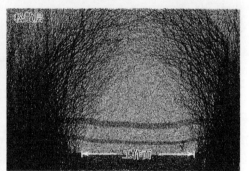
（d）工作面采宽为120m，松散层拱失稳破坏

图 5-5　松散层拱空间演化数值模拟结果

由于松散层拱为采动覆岩承载结构，工作面回采过程中，松散层中集结形成了形态为拱形的强力链，松散层拱的形态可以采用力链区内外包络线表示。随着工作面的回采，松散层拱随着关键层 2 的周期性破断而周期性演化，松散层拱的矢高、宽度和厚度逐渐增大，当松散层拱的高度超过松散层厚度时，松散层拱消失。

关键层 2 初次破断之前，如图 5-5（a）所示，采场上覆岩层的承载结构为关键层 2，松散层中力链呈拱形分布形态；当关键层 2 破断后，松散层中力链呈现明显的拱形分布，采场上覆岩层的承载结构松散层拱如图 5-5（b）所示；当关键层 2 进入周期破断阶段时，松散层拱的跨度和高度随着工作面的逐步推进而逐渐增大，如图 5-5（c）所示；工作面继续回采，当松散层拱的高度超过松散层厚度时，松散层中力链的分布也到达模型顶界面，此时松散层拱失稳破坏，如图 5-5（d）所示，数值模拟结果与第 4 章物理模拟结果一致。

5.2.2 松散层拱结构对覆岩载荷分布的影响

传统上研究工作面回采过程中采动应力场的演化规律通常是将松散层简化为均布载荷而忽略了松散层拱引起的载荷分布特征的改变，在数值模型中关键层1、关键层2和煤层处布置应力测线，获得松散层拱空间演化过程中的应力演化规律，如图 5-6 所示，松散层拱控制着上覆地层下沉和变形，同时将上覆地层载荷向两侧的拱基处转移，受松散层拱承载作用影响，松散层下部岩层载荷分布可以划分为松散层拱拱内卸压区、松散层拱拱基增压区和松散层拱拱外原岩应力区。随着松散层拱的周期性演化，松散层拱拱基处应力峰值呈现先增大后减小的变化规律且第1周期松散层拱形成时峰值应力达到最大值，数值模拟结果与第4章物理模拟结果一致。

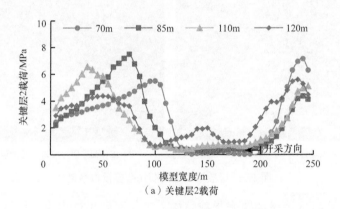

（a）关键层2载荷

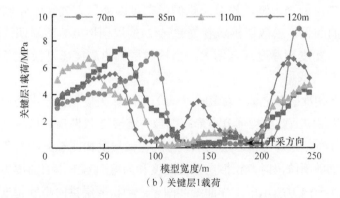

（b）关键层1载荷

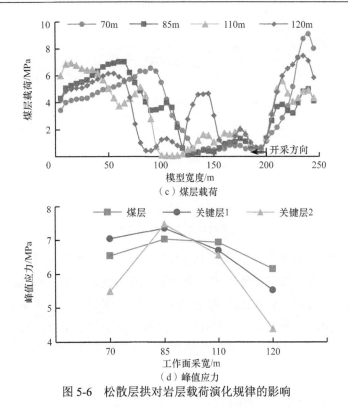

（c）煤层载荷

（d）峰值应力

图 5-6　松散层拱对岩层载荷演化规律的影响

5.3　基于松散层拱结构的松散层载荷折减系数

5.3.1　松散层拱结构下伏关键层载荷分布函数

在松散层拱载荷传递作用下，松散层拱拱内区域为应力降低区，载荷分布形态与垮落拱形态相同。对物理模拟中历次垮落下的松散层形态（图 4-13）进行数据拟合，拟合结果如图 5-7 所示。松散层垮落形态拟合结果显示，松散层拱失稳后均以二次抛物线形垮落至关键层上，因此可以认为松散层拱正下方关键层载荷分布形式为二次抛物线，可以通过调节抛物线方程顶点和对称轴来匹配松散层拱演化过程中载荷分布的变化过程。

松散层拱两侧类似支承压力分布形式的载荷分布函数目前仍没有统一的定论，对于其分布函数主要有简化的三角形[130]、指数函数[131]、指数余弦函数[8]、高斯函数和韦布尔函数[132, 133]几种，而对其准确性并无更多研究，也没有现场实测数据验证。根据开滦（集团）有限责任公司唐山矿 Y485 工作面超前支承压力的实测数据[134]，通过使用上述几种函数对其分别拟合来验证各种拟合函数的合理

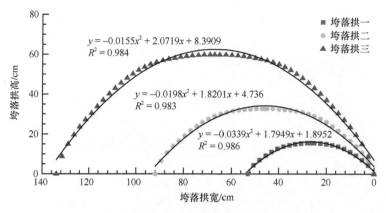

图 5-7　松散层拱下方关键层载荷分布规律

性和可靠度。选择了两种典型的支承压力分布形势：一种是超前支承压力影响范围较小，支承压力在峰值之后很快下降到原岩应力状态；另一种是超前支承压力影响范围较大，与第一种相比在峰值之后应力值下降缓慢。由于支承压力峰值前后应力分布规律存在差异，拟合时使用分段函数分别对其拟合，拟合时主要考察支承压力峰值、支承压力影响范围及函数曲线的分布三个方面的拟合度，最终获得的拟合结果如图 5-8 所示。

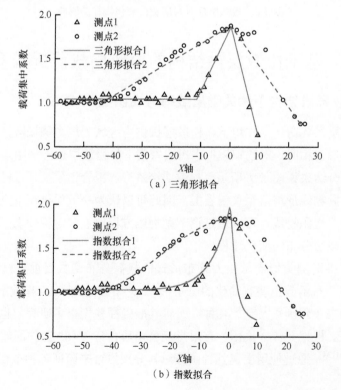

（a）三角形拟合

（b）指数拟合

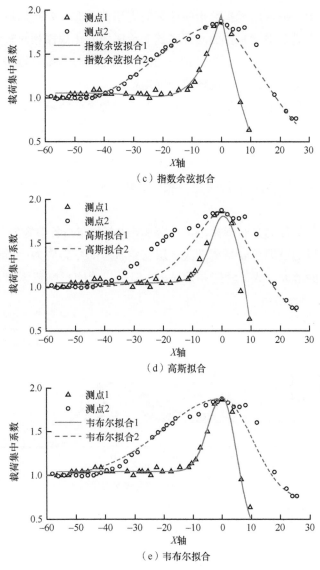

（c）指数余弦拟合

（d）高斯拟合

（e）韦布尔拟合

图 5-8　松散层拱下关键层载荷分布拟合

　　如图 5-8 所示，对于两种不同的支承压力分布规律，使用三角形拟合时能够准确地表征载荷分布的峰值和影响范围两个指标，但是三角形拟合为线性拟合，因而其不能准确地体现载荷的变化规律，所以适用于要求不高的定性分析；与三角形拟合相似，指数拟合公式相对简单，对测点 1 的峰值及峰值右侧部分曲线的拟合度相对较低，对测点 2 的拟合效果明显优于测点 1，因此指数拟合受载荷分布形式影响较大；在指数拟合的基础上引入指数余弦分布函数后，其拟合度略优

于指数函数拟合，但是由于指数余弦函数的周期性分布，要想通过调节拟合方程
中的相关参数来满足不同工作面回采时的支承压力变化规律相对较难；高斯拟合
对于测点 1 的拟合度较好，而当支承压力的影响增大时其拟合较差；使用韦布尔
拟合对两个测点支承压力分布规律拟合度均较好。

因此选取三参数的韦布尔分布函数对关键层顶界面载荷分布形式进行拟合，
其拟合函数如式（5-1）所示：

$$Q = q + a(x + b)\,\mathrm{e}^{\frac{x}{b}} \tag{5-1}$$

式中，Q 为关键层载荷；q 为关键层载荷参数；a、b 为关键层载荷分布的形状
参数。

根据韦布尔函数的分布规律，得出关键层载荷分布与各参数的关系，如图 5-9
所示，显然可以通过调节 q 来调节关键层初始状态的原岩应力；当参数 b 保持固
定时，随着 a 的增大，载荷峰值并无变化，但是载荷的影响范围明显增大，因此

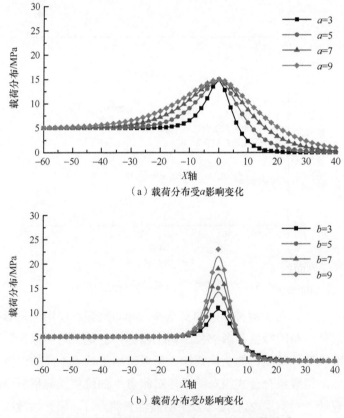

（a）载荷分布受 a 影响变化

（b）载荷分布受 b 影响变化

图 5-9　关键层载荷分布与韦布尔分布参数关系

可以通过调节 a 来改变载荷的影响范围；同样地，当参数 a 保持固定时，随着 b 的增大，载荷的影响范围没有变化，但是载荷峰值明显增大，因此可以通过调节 b 来改变载荷的峰值大小。这样一来，关键层上覆载荷可以用三参数的韦布尔函数表示，可以通过调节 a 和 b 来调节载荷峰值大小及影响范围以匹配现场实测值。

5.3.2　松散层载荷折减系数确定方法

在松散层拱载荷传递作用的影响下，关键层上覆载荷分布特征如图 5-4 和图 5-6 所示，为了定量化计算载荷大小和定量化载荷分布函数，将图 5-4 和图 5-6 中的载荷简化为线性载荷，并将关键层视为两端固支梁，如图 5-10 所示。

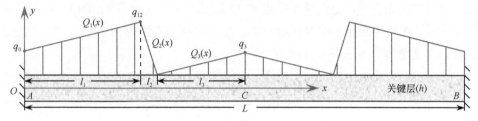

（a）整体力学模型

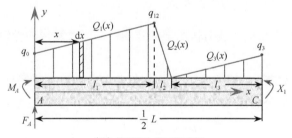

（b）单元体力学平衡分析

图 5-10　松散层载荷折减系数计算模型

设关键层顶界面的载荷分别为 $Q_1(x)\{x \in [0, l_1]\}$、$Q_2(x)[x \in (l_1, l_1+l_2)]$ 和 $Q_3(x)[x \in (l_1+l_2, l_1+l_2+l_3)]$，则关键层载荷分布函数如下：

$$\begin{cases} Q_1(x) = \dfrac{q_{12} - q_0}{l_1} x + q_0 \\[2mm] Q_2(x) = -\dfrac{q_{12}}{l_2} x + \dfrac{(l_1 + l_2) q_{12}}{l_2} \\[2mm] Q_3(x) = \dfrac{q_3}{l_3} x - \dfrac{(l_1 + l_2) q_3}{l_3} \end{cases} \tag{5-2}$$

式中，q_0 为原岩应力；$2l_3$ 为松散层拱跨度，可以根据松散层拱跨度和工作面宽度及基岩厚度的位置关系确定；l_1+l_2 为松散层拱厚度，可以根据式（2-15）确定；q_3 为松散层拱下载荷峰值，可以先通过式（2-12）确定松散层拱矢高，然后得到松散层拱下部垮落的松散层高度，最后再用垮落的松散层高度乘以松散层的容重确定；q_{12} 为松散层拱拱基处的载荷峰值，可以根据关键层顶界面载荷守恒定律 $\left[\int_0^{l_1} Q_1(x)\,\mathrm{d}x + \int_{l_1}^{l_1+l_2} Q_2(x)\,\mathrm{d}x + \int_{l_1+l_2}^{l_1+l_2+l_3} Q_3(x)\,\mathrm{d}x = q_0(l_1+l_2+l_3)\right]$ 确定。

传统上在计算关键层的初次破断距时将关键层视为两端固支梁，并将上覆松散层载荷视为均布载荷。由于松散层拱的载荷传递作用，关键层顶界面载荷不再均匀分布，设关键层的厚度为 h，极限跨距为 L。图 5-10（a）所示的结构为对称结构上受对称载荷且为超静定系统。根据对称结构上受对称载荷作用时在对称截面上反对称内力为零，沿关键层中点 C 建立如图 5-10（b）所示的相当系统并建立坐标系，在对称截面上作用弯矩为 X_1，在 A 点作用弯矩为 M_A、垂直剪力为 F_A，这样一来该结构的力法基本方程为

$$\delta_{11} X_1 = \Delta_P \qquad\qquad (5\text{-}3)$$

式中，Δ_P 为基本结构在上覆载荷作用下的位移，$\Delta_P = \int \dfrac{\overline{M_1} M_P}{EI}\,\mathrm{d}x$；$X_1$ 为关键层对称截面上作用弯矩；δ_{11} 为比例系数，$\delta_{11} = \int \dfrac{\overline{M_1}\,\overline{M_1}}{EI}\,\mathrm{d}x$；$\overline{M_1}$ 为单位力 X_1 作用下的弯矩；M_P 为基本结构在载荷作用下的弯矩；E 为关键层的弹性模量；I 为关键层的惯性矩。

由于关键层载荷为分段函数，下面根据载荷分布特征将其划分为 3 个部分分别求关键层的弯矩分布规律。$Q_1(x)$ 作用时，设任意一点 x 并取弯矩平衡得

$$M_1(x) = \frac{(l_1-x)^2}{6}\left[\frac{(q_{12}-q_0)x}{l_1} + q_0 + 2q_{12}\right] \quad x \in [0, l_1] \qquad (5\text{-}4)$$

采用相同的方法，分别求得在 $Q_2(x)$ 和 $Q_3(x)$ 作用下的弯矩分布函数：

$$M_2(x) = \begin{cases} \dfrac{q_{12}l_2}{2}\left(\dfrac{l_2}{3} + l_1 - x\right) & x \in [0, l_1] \\[3mm] \dfrac{(l_1+l_2-x)^3 q_{12}}{6l_2} & x \in [l_1, l_1+l_2] \end{cases}$$

$$ \qquad (5\text{-}5)$$

$$M_3(x) = \begin{cases} \dfrac{q_3 l_3}{2}\left(\dfrac{2l_3}{3} + l_2 + l_1 - x\right) & x \in [0, l_1+l_2] \\[3mm] -\dfrac{(l_1+l_2-2l_3-x)(l_1+l_2+l_3-x)^2 q_3}{6l_3} & x \in [l_1+l_2, l_1+l_2+l_3] \end{cases}$$

由式（5-4）和式（5-5）可得关键层在载荷 $Q_1(x)$、$Q_2(x)$ 和 $Q_3(x)$ 作用下的弯矩分布函数：

$$M_P(x)=\begin{cases}M_{P1}(x)=\dfrac{(l_1-x)^2}{6}\left[\dfrac{(q_{12}-q_0)x}{l_1}+q_0+2q_{12}\right]+\dfrac{q_{12}l_2}{2}\left(\dfrac{l_2}{3}+l_1-x\right)\\[2mm]\qquad\qquad+\dfrac{q_3l_3}{2}\left(\dfrac{2l_3}{3}+l_2+l_1-x\right)\quad x\in[0,l_1]\\[3mm]M_{P2}(x)=\dfrac{(l_1+l_2-x)^3q_{12}}{6l_2}+\dfrac{q_3l_3}{2}\left(\dfrac{2l_3}{3}+l_2+l_1-x\right)\quad x\in[l_1,l_1+l_2]\\[3mm]M_{P3}(x)=-\dfrac{(l_1+l_2-2l_3-x)(l_1+l_2+l_3-x)^2q_3}{6l_3}\quad x\in[l_1+l_2,l_1+l_2+l_3]\end{cases}$$

$$(5\text{-}6)$$

将式（5-6）代入 $\Delta_P=\int\dfrac{\overline{M_1}M_P}{EI}\mathrm{d}x$ 得到：

$$\Delta_P=\int_0^{l_1}\dfrac{\overline{M_1}M_{P1}(x)}{EI}\mathrm{d}x+\int_{l_1}^{l_1+l_2}\dfrac{\overline{M_1}M_{P2}(x)}{EI}\mathrm{d}x+\int_{l_1+l_2}^{l_1+l_2+l_3}\dfrac{\overline{M_1}M_{P3}(x)}{EI}\mathrm{d}x \quad (5\text{-}7)$$

同时可以得到：

$$\delta_{11}=\int_0^{l_1+l_2+l_3}\dfrac{\overline{M_1}\,\overline{M_1}}{EI}\mathrm{d}x \quad (5\text{-}8)$$

将式（5-7）和（5-8）代入力法基本方程式（5-3），得到对称截面上作用的弯矩 X_1：

$$X_1=\dfrac{1}{24(l_1+l_2+l_3)}\begin{Bmatrix}(q_0+3q_{12})l_1^3+6(q_{12}l_2+q_3l_3)l_1^2\\[1mm]+4(l_2^2q_{12}+3q_3l_3l_2+2q_3l_3^2)l_1\\[1mm]+l_2^3q_{12}+6l_2^2l_3q_3+8l_2l_3^2q_3+3q_3l_3^3\end{Bmatrix} \quad (5\text{-}9)$$

根据图 5-10（b）中 A 点的弯矩平衡得到：

$$M_A-X_1+\dfrac{q_{12}+q_0}{2}\dfrac{1}{3}\dfrac{l_1(q_0+2q_{12})}{q_{12}+q_0}+\dfrac{1}{2}q_{12}l_2\left(l_1+\dfrac{l_2}{3}\right)+\dfrac{1}{2}q_3l_3\left(l_1+l_2+\dfrac{2}{3}l_3\right)=0$$

$$(5\text{-}10)$$

将式（5-9）代入式（5-10），并设系数 k_1、k_2 和 k_3，化简得到：

$$M_A=(k_1q_0+k_2q_{12}+k_3q_3)L^2 \quad (5\text{-}11)$$

式中，k_1、k_2 和 k_3 的表达式如下：

$$\begin{cases} k_1 = \dfrac{\left(3l_1 + 4l_2 + 4l_3\right)l_1^{\,2}}{24L^2\left(l_1 + l_2 + l_3\right)} \\[3mm] k_2 = \dfrac{\left(l_1 + l_2\right)\left(5l_1^{\,2} + 9l_1l_2 + 8l_1l_3 + 4l_2l_3 + 3l_2^{\,2}\right)}{24L^2\left(l_1 + l_2 + l_3\right)} \\[3mm] k_3 = \dfrac{\left[5l_3^{\,2} + 12\left(l_1 + l_2\right)l_3 + 6\left(l_1 + l_2\right)^2\right]l_3}{24L^2\left(l_1 + l_2 + l_3\right)} \end{cases} \tag{5-12}$$

将式（5-11）代入弯矩 M 与截面应力 σ 的关系式[113]，当截面应力等于关键层抗拉强度时得到其极限跨距为

$$L = h\sqrt{\dfrac{2\sigma_\mathrm{T}}{Kq_0}}$$

$$K = \dfrac{12\left(k_1q_0 + k_2q_{12} + k_3q_3\right)}{q_0} \tag{5-13}$$

式中，σ_T 为关键层抗拉强度；K 为载荷折减系数。

因此，根据式（5-13）即可得到松散层载荷折减系数的值，显然载荷折减系数与关键层顶界面载荷分布特征直接相关，而载荷分布特征主要受松散层拱的形态特征影响，即松散层结构的矢跨比及厚度。松散层载荷折减系数主要与工作面宽度、岩层结构和松散层拱形态特征有关，受工作面宽度、基岩厚度、松散层厚度、松散层强度的影响。

5.4　松散层拱结构在关键层判别中的应用

5.4.1　岩层控制的关键层结构判别方法

1. 关键层理论概述

岩层控制的关键层理论是钱鸣高院士于 1996 年提出的。关键层理论认为在采场上覆煤系地层中，对上覆岩层移动变形全部或部分起承载和控制作用的岩层称为关键层，对上覆全部岩层起控制作用的岩层称为主关键层，而对部分岩层起控制作用的为亚关键层[11]。上覆岩层中亚关键层往往不止一层，但主关键层仅有一层。关键层理论为认识和利用岩层移动规律提供了理论基础，实现了采场矿压、岩层移动、水和瓦斯运移、采动应力演化等方面研究的统一。关键层理论提出之后，中国矿业大学许家林教授带领的科研团队先后就关键层判别、关键层破断特征对工作面矿压显现的影响、上覆岩层导水裂隙带发育高度、瓦斯运移及抽采、

地表移动规律及控制、采动应力演化等问题开展了系统的研究，并将其应用到工程实践中，取得了丰硕的成果[4,5, 46,134-136]。

2. 关键层的判别方法[11]

第 1 步：根据关键层判别的刚度条件，确定覆岩中硬岩层位置。

假设煤层上覆第 1 层岩层为硬岩层，其上直至第 m 层岩层与之协调变形，而第 $m+1$ 层岩层不与之协调变形，则第 $m+1$ 层岩层是第 2 层硬岩层。由于第 1 层至第 m 层岩层协调变形，则各岩层曲率相同，各岩层形成组合梁，由组合梁原理可导出作用在第 1 层硬岩层上的载荷为

$$q_1(x)\big|_m = E_1 h_1^3 \sum_{i=1}^{m} h_i \gamma_i \Big/ \sum_{i=1}^{m} E_i h_i^3 \tag{5-14}$$

式中，$q_1(x)\big|_m$ 为考虑到第 m 层岩层对第 1 层硬岩层形成的载荷；h_i、γ_i、E_i 分别为第 i 岩层厚度、容重、弹性模量($i=1, 2, \cdots, m$)。

考虑到第 $m+1$ 层岩层对第 1 层硬岩层形成的载荷为

$$q_1(x)\big|_{m+1} = E_1 h_1^3 \sum_{i=1}^{m+1} h_i \gamma_i \Big/ \sum_{i=1}^{m+1} E_i h_i^3 \tag{5-15}$$

由于第 $m+1$ 层为硬岩层，其挠度小于下部岩层的挠度，第 $m+1$ 层以上岩层已不再需要其下部岩层去承担它所承受的载荷，则必然有

$$q_1(x)\big|_{m+1} < q_1(x)\big|_m \tag{5-16}$$

将式（5-14）、式（5-15）代入式（5-16）并化简可得

$$E_{m=1} h_{m+1}^2 \sum_{i=1}^{m} h_i \gamma_i > \gamma_{m+1} \sum_{i=1}^{m} E_i h_i^3 \tag{5-17}$$

式（5-17）即为判别硬岩层位置的公式。具体判别时，从煤层上方第 1 层岩层开始往上逐层计算 $E_{m=1} h_{m+1}^2 \sum_{i=1}^{m} h_i \gamma_i$ 及 $\gamma_{m+1} \sum_{i=1}^{m} E_i h_i^3$，当满足式（5-17）则不再往上计算，此时从第 1 层岩层往上，第 $m+1$ 层岩层为第 1 层硬岩层。从第 1 层硬岩层开始，按上述方法确定第 2 层硬岩层的位置，以此类推，直至确定出最上一层硬岩层（设为第 n 层硬岩层）。通过对硬岩层位置的判别，得到了覆岩中硬岩层位置及其所控软岩层组。

第 2 步：根据关键层判别的强度条件，确定各硬岩层的破断距。

硬岩层破断是弹性基础上板的破断问题，但为了简化计算，硬岩层破断距采用两端固支梁模型计算，则第 k 层硬岩层破断距 l_k 可由式（5-18）计算：

$$l_k = h_k \sqrt{\frac{2\sigma_k}{q_k}} \qquad k=1, 2, \cdots, n \tag{5-18}$$

式中，h_k 为第 k 层硬岩层厚度；σ_k 为第 k 层硬岩层抗拉强度；q_k 为第 k 层硬岩层承受的载荷。

由式（5-14）可知，q_k 可按式（5-19）确定：

$$q_k = \frac{E_{k,0}h_{k,0}^3 \sum\limits_{j=0}^{m_k} h_{k,j}\gamma_{k,j}}{\sum\limits_{j=0}^{m_k} E_{k,j}h_{k,j}^3} \qquad k=1,2,\cdots,n-1 \qquad (5\text{-}19)$$

由于松散层弹性模量可视为 0，设松散层厚度为 H，容重为 γ，则最上一层硬岩层即第 n 层硬岩层上的载荷可按式（5-20）计算：

$$q_n = \frac{E_{k,0}h_{k,0}^3 \left(\sum\limits_{j=0}^{m_k} h_{k,j}\gamma_{k,j} + \gamma H \right)}{\sum\limits_{j=0}^{m_k} E_{k,j}h_{k,j}^3} \qquad (5\text{-}20)$$

式中，下标 k 为第 k 层硬岩层；下标 j 为第 k 层硬岩层所控软岩层组的分层号；m_k 为第 k 层硬岩层所控软岩层层数；$E_{k,j}$、$h_{k,j}$、$\gamma_{k,j}$ 分别为第 k 层硬岩层所控软岩层组中第 j 层岩层弹性模量、分层厚度及容重。当 $j=0$ 时，$E_{k,j}$、$h_{k,j}$、$\gamma_{k,j}$ 即为硬岩层的力学参数。如 $E_{1,0}$、$h_{1,0}$、$\gamma_{1,0}$ 分别为第 1 层硬岩层弹性模量、厚度及容重，$E_{1,1}$、$h_{1,1}$、$\gamma_{1,1}$ 分别为第 1 层硬岩层所控软层组中第 1 层软岩弹性模量、厚度及容重。

第 3 步：比较各硬岩层的破断距，确定关键层位置。

（1）第 k 层硬岩层若为关键层，其破断距应小于其上部所有硬岩层的破断距，即满足：

$$l_k < l_{k+1} \qquad k=1,2,\cdots,n-1 \qquad (5\text{-}21)$$

（2）若第 k 层硬岩层破断距 l_k 大于其上方第 $k+1$ 层硬岩层破断距，则将第 $k+1$ 层硬岩层承受的载荷加到第 k 层硬岩层上，重新计算第 k 层硬岩层破断距。若重新计算的第 k 层硬岩层破断距小于第 $k+1$ 层硬岩层破断距，则取 $l_k=l_{k+1}$，此时第 k 层硬岩层破断受控于第 $k+1$ 层硬岩层，即第 $k+1$ 层硬岩层破断前，第 k 层硬岩层不破断，一旦第 $k+1$ 层硬岩层破断，其载荷作用于第 k 层硬岩层上，导致第 k 层硬岩层随之破断。

（3）从最下一层硬岩层开始逐层往上判别 $l_k < l_{k+1}$（$k=1,2,\cdots,n-1$）是否成立，以及当 $l_k > l_{k+1}$ 时重新计算第 k 层硬岩层破断距。

5.4.2　厚松散层矿区关键层结构判别方法

传统关键层结构判别方法中将松散层视为载荷层[式（5-20）]，而未考虑松散层拱对松散层载荷传递的影响。在厚松散层矿区，当松散层中能够形成松散层拱时，受松散层拱承载控制作用影响，松散层载荷并非直接按照自重作用于基岩顶界面，而是存在载荷传递作用。基于松散层拱对松散层载荷传递的影响，得到了松散层载荷折减系数，如式（5-13）所示。厚松散层矿区关键层判别时，第 n 层硬岩层上的载荷计算修正为

$$q_n = \frac{E_{k,0} h_{k,0}^3 \left(\sum\limits_{j=0}^{m_k} h_{k,j} \gamma_{k,j} + K\gamma H \right)}{\sum\limits_{j=0}^{m_k} E_{k,j} h_{k,j}^3} \tag{5-22}$$

以皖北祁东煤矿 7_130 工作面为例，松散层厚度为 345.6m、基岩厚度为 52.62m、基岩破断角为 75°、松散层容重为 20kN/m³、侧压系数为 3.0、松散层黏聚力为 0.1MPa、松散层内摩擦角为 7.5°。根据松散层拱的形成条件，将 7_130 工作面基本开采参数代入式（2-17）得到松散层中能形成稳定的松散层拱所需要的松散层厚度必须大于 133m，显然小于采前 1 钻孔揭露的松散层厚度，因而松散层中能够形成松散层拱。将上述参数代入式（5-13），得到松散层的载荷折减系数为 0.66。此时，按照传统方法和考虑松散层拱载荷传递效应的关键层判别结果如图 5-11 所示。

层号	厚度/m	埋深/m	岩层岩性	关键层位置	硬岩层位置	岩层图例
14	345.6	345.60	松散层			
13	6.09	351.69	泥岩			
12	9.08	360.77	粉砂岩		第2层硬岩层	
11	1.64	362.41	煤层			
10	7	369.41	泥岩			
9	1.64	371.05	粉砂岩			
8	3.82	374.87	泥岩			
7	0.5	375.37	煤层			
6	2.66	378.03	泥岩			
5	1.55	379.58	煤层			
4	4.68	384.26	泥岩			
3	3.19	387.45	细砂岩	主关键层	第1层硬岩层	
2	1.16	388.61	中砂岩			
1	9.61	398.22	泥岩			
0	4.15	402.37	7_1煤层			

（a）传统方法的关键层判别结果

层号	厚度/m	埋深/m	岩层岩性	关键层位置	硬岩层位置	岩层图例
14	345.6	345.60	松散层			
13	6.09	351.69	泥岩			
12	9.08	360.77	粉砂岩	主关键层	第2层硬岩层	
11	1.64	362.41	煤层			
10	7	369.41	泥岩			
9	1.64	371.05	粉砂岩			
8	3.82	374.87	泥岩			
7	0.5	375.37	煤层			
6	2.66	378.03	泥岩			
5	1.55	379.58	煤层			
4	4.68	384.26	泥岩			
3	3.19	387.45	细砂岩	亚关键层	第1层硬岩层	
2	1.16	388.61	中砂岩			
1	9.61	398.22	泥岩			
0	4.15	402.37	7_1煤层			

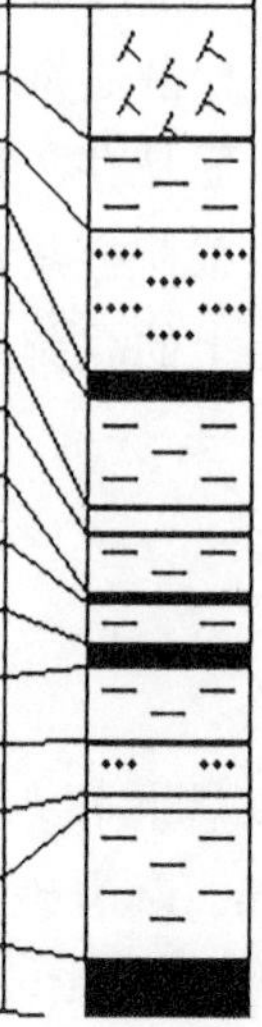

（b）考虑松散层拱结构载荷传递效应的关键层判别结果

图 5-11　祁东煤矿采前 1 钻孔关键层判别

　　皖北祁东煤矿采前 1 钻孔厚松散层条件下，按照传统关键层判别方法只有一层主关键层，但是主关键层之上尚有一层硬岩层，由于传统方法忽略了松散层拱载荷传递作用，这层硬岩层并没有被判别为关键层；而按照厚松散层矿区关键层判别方法则有两层关键层，原先的主关键层之上的硬岩层由于松散层拱的作用，硬岩层破断距增大而成为主关键层，而原先的主关键层转化为亚关键层。

5.4.3　厚松散层矿区导水裂隙带高度预计

　　中国矿业大学许家林教授等[137-139]通过研究主关键层位置对工作面顶板导水裂隙带高度的影响规律，建立了基于关键层判别结果的工作面顶板导水裂隙带高度的预计方法。在采场上覆岩层关键层判别结果的基础上，当主关键层与工作面开采煤层顶界面的距离小于（7～10）M（M 为工作面采高）时，主关键层破断后，其控制的上覆岩层随着主关键层的破断而同步破断下沉，主关键层及其上覆岩层中产生的裂隙相互贯通最终形成导水裂隙带，此时导水裂隙带将发育至基岩顶界面，与含水层沟通。当主关键层与工作面开采煤层顶界面的距离大于（7～10）M 时，顶板导水裂隙带的高度将会受到临界高度（7～10）M 上方最近的亚关键层位置的影响。基于关键层位置的工作面顶板导水裂隙带高度的预计方法弥补了传统导水裂隙带高度预计方法中将顶板岩层统一均化而忽略了其中的关键层对上覆岩层的控制作用的缺陷，在皖北矿区、神东矿区等矿区顶板导水裂隙带高度预计过程中得到了很好的应用效果。

　　显然，新的预计方法的成功应用是以关键层的判别结果为基础的，当工作面顶板岩层柱状中不含有松散层或者松散层中不能形成松散层拱时，如神东补连塔煤矿 31401 工作面，关键层的判别不受松散层拱载荷传递的影响；但是当工作面上覆松散层中能够形成松散层拱时，如皖北祁东煤矿，按照传统的关键层判别方法，将有可能引起关键层判别结果的差异，进而导致工作面顶板导水裂隙带高度预计结果产生偏差。因此，在厚松散层矿区，当松散层中能够形成松散层拱，关键层判别时应考虑基于松散层拱的松散层载荷折减系数，此时基于关键层位置的导水裂隙带高度预计方法流程中应增加计算松散层载荷折减系数，如图 5-12 所示。

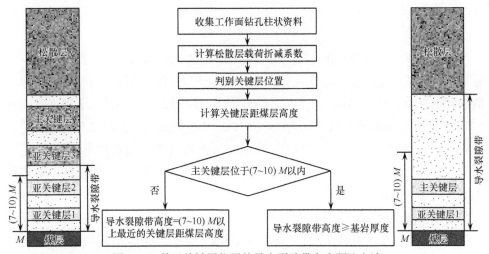

图 5-12 基于关键层位置的导水裂隙带高度预计方法

以皖北矿区祁东煤矿 7_130 工作面为例，图 5-13 为 7_130 工作面工程平面图，工作面宽度平均为 170m，走向推进长度为 417m，煤层厚度为 2.9～4.2m，平均厚度约为 3.6m，松散层厚度平均为 343m。

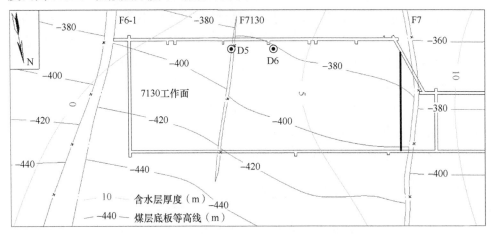

图 5-13 祁东煤矿 7_130 工作面工程平面图

根据松散层拱的形成条件，将 7_130 工作面基本开采参数代入式（2-17）得到松散层中能形成稳定的松散层拱所需要的松散层厚度必须大于 133m，因而松散层中能够形成松散层拱。将上述参数代入式（5-13），得到松散层的载荷折减系数为 0.66。此时 7_130 工作面 D5、D6 钻孔的关键层判别结果如图 5-14 所示。D5、D6 钻孔中均含有两层关键层，其中主关键层与 7_1 煤层的距离分别为 31.88m 和 30.46m。当 D5、D6 钻孔中工作面采高分别为 2.85m 和 2.83m 时，根据基于关键层理论的顶板导水裂隙带高度预计方法，D5、D6 钻孔揭示的导水裂隙带高度分别为 31.88m 和 30.46m，导水裂隙不会沟通上覆含水层，如图 5-15 所示。

为了验证理论计算结果，在 7_130 工作面内，通过采动前后的钻孔冲洗液消耗量和钻孔水位观测结果对比可以发现，祁东煤矿 7_130 工作面 D5 钻孔的钻孔冲洗液消耗量基本上介于 0.01～0.91L/（s·m），平均为 0.26L/（s·m），个别点可达到 1.28L/（s·m），钻孔水位埋深则为 64～157m；D6 钻孔的钻孔冲洗液消耗量基本上介于 0.01～0.89L/（s·m），平均为 0.06L/（s·m），个别点可达到 1.28L/（s·m），钻孔水位埋深则为 38～150m（图 5-16，图 5-17）。进入导水裂隙带以后，钻孔冲洗液消耗量一般都大于 0.12L/（s·m），平均分别为 0.50L/（s·m）和 0.30L/（s·m），钻孔水位埋深则分别降低至 107m 或 53m 以下；进入垮落带以后，钻孔冲洗液则已经全部漏失，孔内也已经无水，说明祁东煤矿 7_130 工作面上覆基岩的原生裂隙较发育。

与此同时，采用彩色钻孔电视法探测覆岩破坏高度。图 5-18 为 D5 钻孔导水裂隙带顶点位置（孔深显示 374.62m）的采动裂隙发育特征，其特点是以高角度上下互相连通的纵向裂隙为主，在单层厚度较薄的较软弱岩层中，受剪切作用形成的高角度纵向裂隙的宽度一般较小，裂隙周围存在破碎现象。图 5-19 反映的为 D5 钻孔导水裂隙带内岩层的采动裂隙发育特征，其特点主要是裂隙宽度迅速增大，裂隙纵横连接，交错贯通，甚至呈现出破碎型的裂隙发育状态。

因此，祁东煤矿 7_130 综采工作面顶板导水裂隙带高度实测结果为 28.51～29.51m，见表 5-1，理论计算结果与现场实测结果基本一致。证明了基于关键层理论的顶板导水裂隙带高度预计方法的正确性，也就证明了关键层判别结果的正确性，即松散层载荷折减系数理论计算结果正确。

D6

层号	厚度/m	埋深/m	岩层岩性	关键层位置	岩层图例
17	345.55	345.55	松散层		
16	6.00	351.55	泥岩		
15	0.45	352.00	煤层		
14	5.05	357.05	泥岩		
13	2.20	359.25	粉砂岩		
12	2.25	361.50	细砂岩		
11	3.95	365.45	泥岩		
10	1.95	367.40	细砂岩		
9	4.5	371.90	泥岩		
8	6.5	378.40	粉砂岩	主关键层	
7	2.9	381.30	泥岩		
6	6.45	387.75	粉砂岩		
5	2.58	390.33	泥岩		
4	5.58	395.91	细砂岩		
3	3.17	399.08	泥岩	亚关键层	
2	5.78	404.86	细砂岩		
1	4	408.86	泥岩		
0	2.83	411.69	7_1煤层		

D5

层号	厚度/m	埋深/m	岩层岩性	关键层位置	岩层图例
16	342.6	342.60	松散层		
15	8.2	350.80	泥岩		
14	3.8	354.60	粉砂岩		
13	2.7	357.30	泥岩		
12	2.2	359.50	细砂岩		
11	4.30	363.80	泥岩		
10	3.25	367.05	细砂岩		
9	2.3	369.35	泥岩		
8	0.5	369.85	煤层		
7	7.45	377.30	泥岩	主关键层	
6	3.10	380.40	煤层		
5	0.55	380.95	泥岩		
4	1.6	382.95	细砂岩		
3	10.38	392.93	泥岩		
2	3.5	396.43	粉砂岩	亚关键层	
1	2.5	398.93	泥岩		
0	2.85	401.78	7_1煤层		

图 5-14　$7_1$30 工作面 D5、D6 钻孔关键层判别结果（$K=0.66$）

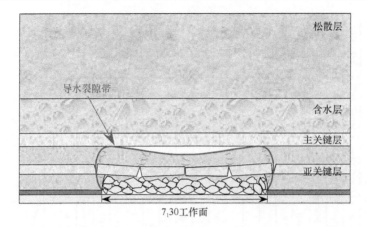

图 5-15　7_130 工作面顶板岩层破坏示意图

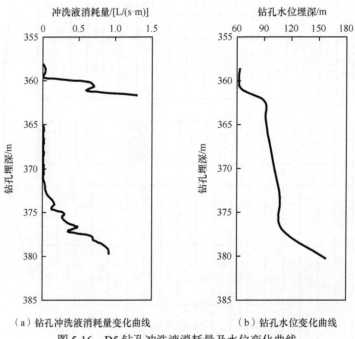

（a）钻孔冲洗液消耗量变化曲线　　　　　（b）钻孔水位变化曲线

图 5-16　D5 钻孔冲洗液消耗量及水位变化曲线

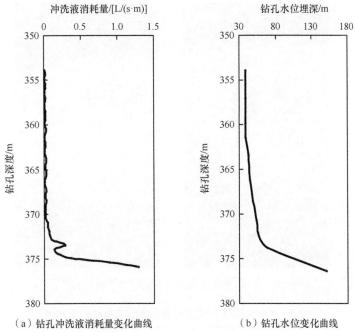

（a）钻孔冲洗液消耗量变化曲线　　　　　　（b）钻孔水位变化曲线

图 5-17　D6 钻孔冲洗液消耗量及水位变化曲线

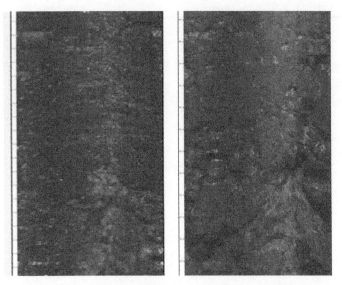

图 5-18　D5 钻孔导水裂隙带顶点的采动裂隙发育特征

图 5-19   D5 钻孔导水裂隙带内破碎型裂缝发育特征

表5-1   7₁30综采工作面顶板导水裂隙带高度对比结果

钻孔	采高/m	预计导水裂隙带高度/m	实测导水裂隙带高度/m	绝对误差/m
D5	2.85	31.88	29.51	−2.37
D6	2.83	30.46	28.51	−1.95

第6章　松散层拱结构对采动覆岩破断失稳的影响

6.1　松散层拱结构对关键层初次破断的影响

6.1.1　基本假设

为建立松散层拱影响下关键层初次破断力学模型，作如下假设：

（1）将关键层下方软弱岩层视为弹性地基，且服从文克勒（Winkler）弹性地基假设。

（2）设关键层两侧的支承压力服从韦布尔分布函数，松散层拱下方关键层顶界面的载荷服从二次抛物线函数。

（3）不考虑垮落带内破碎岩块对关键层底界面的支撑作用，忽略松散层拱内垮落的松散体与上覆未垮落松散层部分相互间力的作用，忽略支架支撑力对直接顶的支护阻力。

（4）其他未尽假设均服从弹性力学基本假设。

6.1.2　关键层初次破断力学模型

设关键层顶界面的载荷分别为 q_1、q_2 和 q_3，关键层顶界面原岩载荷为 q，关键层悬跨距为 $2l$，工作面采宽为 L_m，关键层侧向支承压力峰值与煤壁间距离为 x_0，支承压力峰值与关键层下伏岩层破断线间距离为 s，建立如图 6-1 所示的松散层拱

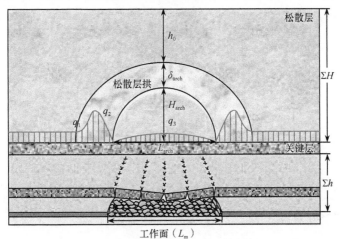

（a）松散层拱影响下关键层初次破段模型

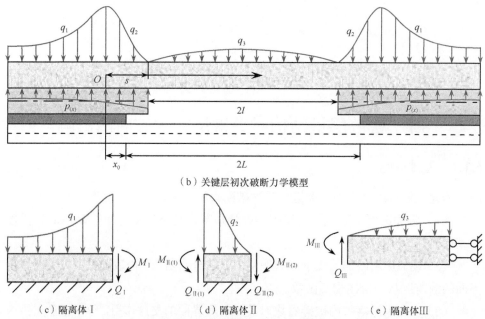

（b）关键层初次破断力学模型

（c）隔离体 I　　　　（d）隔离体 II　　　　（e）隔离体III

图 6-1　关键层初次破断力学模型

$P_{(x)}$-关键层下伏岩层对关键层的支撑力；Q_{I}、$Q_{\mathrm{II}(1)}$、$Q_{\mathrm{II}(2)}$、Q_{III}-关键层不同截面上的剪力；M_{I}、$M_{\mathrm{II}(1)}$、$M_{\mathrm{II}(2)}$、M_{III}-关键层不同截面上的弯矩；H_{arch}、L_{arch}、δ_{arch}-松散层拱的矢高、跨度、厚度；Σh-关键层底界面与煤层顶界面间的距离；ΣH-松散层厚度

影响下关键层初次破断力学模型。

关键层初次破断力学模型为对称载荷对称结构模型，由结构力学可知，正对称体系跨中截面反对称内力为 0，即截面转角和剪力为 0，建立如图 6-1（b）所示的坐标系，根据关键层顶界面载荷分段分布的特点取关键层左跨部分进行隔离体受力分析，如图 6-1（c）～（e）所示。

1. 关键层顶界面载荷分布函数

令关键层顶界面载荷分布如式（6-1）～式（6-3）所示：

$$q_1 = q + a_1(b_1 - x)\mathrm{e}^{\frac{x}{b_1}} \tag{6-1}$$

$$q_2 = c_1\left(d_1 + x\right)\mathrm{e}^{-\frac{x}{d_1}} \tag{6-2}$$

$$q_3 = e_1 x^2 + f_1 x + g_1 \tag{6-3}$$

式中，a_1、b_1、c_1、d_1、e_1、f_1 和 g_1 为待定系数，可根据实验室模拟和现场实测结果确定。

2. 关键层挠度曲线基本微分方程及形式解

如图 6-1（c）所示，$x \in (-\infty, 0)$，隔离体 I 在 q_1 作用下，关键层、下伏软弱

岩层组成 Winkler 弹性地基，地基反力与竖向位移成正比，且隔离体Ⅰ符合半无限弹性地基梁的边界条件，因此其挠度微分方程 $y_1(x)$ 为[140]

$$\frac{\mathrm{d}^4}{\mathrm{d}x^4}y_1(x)+4\beta^4 y_1(x)=\frac{q}{EI}+\frac{a_1(b_1-x)}{EI}\mathrm{e}^{\frac{x}{b_1}} \tag{6-4}$$

式中，E 为关键层弹性模量；I 为关键层截面惯性矩，$I=\frac{1}{12}b_1 h^3$；b_1 为关键层宽度；h 为关键层厚度；β 为微分参数，$\beta=\sqrt[4]{\dfrac{k}{4EI}}$；$k$ 为弹性地基系数。

式（6-4）为四阶常系数非齐次线性微分方程，它的解由相应齐次线性微分方程 $\dfrac{\mathrm{d}^4}{\mathrm{d}x^4}y_1(x)+4\beta^4 y_1(x)=0$ 的通解和式（6-4）的特解组成。虽然方程的右边为两项，但是由于其为线性微分方程，在求其特解时可以分别求右边第一项和第二项的特解然后再由两项相加得到。显然上述齐次线性微分方程的通解为

$$Y_1(x)=\mathrm{e}^{\beta x}\left(A\cos\beta x+B\sin\beta x\right) \tag{6-5}$$

式（6-4）右边第一项的特解为

$$y_{11}(x)=\frac{q}{4EI\beta^4} \tag{6-6}$$

由于计算式（6-4）右边第二项的特解比较复杂，可以用常数变易法进行求解，设其特解为

$$y_{12}(x)=Q(x)\mathrm{e}^{\frac{x}{b_1}} \tag{6-7}$$

式中，$Q(x)$ 为待定函数。

所以式（6-7）的四阶导数为

$$y_{12}^{(4)}(x)=\mathrm{e}^{\frac{x}{d_1}}\left[Q^{(4)}(x)+\frac{4}{d_1}Q'''(x)+\frac{6}{d_1^2}Q''(x)+\frac{4}{d_1^3}Q'(x)+\frac{1}{d_1^4}Q(x)\right] \tag{6-8}$$

由于式（6-4）右边第二项 x 的幂为 1，令

$$Q(x)=Q_1 x+Q_2 \tag{6-9}$$

将式（6-9）代入式（6-7）和式（6-8），再将得到的 $y_{12}(x)$ 和 $y_{12}^{(4)}(x)$ 代入微分方程并比较等式两边 x 的系数，最终可得

$$Q_1 x+Q_2=\frac{a_1 b_1^4 \mathrm{e}^{\frac{x}{b_1}}}{EI\left(4b_1^4\beta^4+1\right)}\left(b_1-x+\frac{4b_1}{4b_1^4\beta^4+1}\right) \tag{6-10}$$

综上，隔离体Ⅰ的挠度方程为

$$y_1(x) = e^{\beta x}\left(A_1 \cos\beta x + B_1 \sin\beta x\right) + \frac{q}{4EI\beta^4} + \frac{a_1 b_1^4 e^{\frac{x}{b_1}}}{EI\left(4b_1^4\beta^4 + 1\right)}\left(b_1 - x + \frac{4b_1}{4b_1^4\beta^4 + 1}\right)$$

$$(6\text{-}11)$$

式中，A_1、B_1 为待定系数。

如图 6-1（d）所示，当 $x \in (0, s)$，隔离体 II 在 q_2 作用下，关键层和下伏软弱岩层组成 Winkler 弹性地基，且隔离体 II 符合有限长弹性地基梁的边界条件，因此其挠度微分方程为[140]

$$\frac{\mathrm{d}^4}{\mathrm{d}x^4}y_2(x) + 4\beta^4 y_2(x) = \frac{c_1(d_1 + x)}{EI}e^{-\frac{x}{d_1}} \qquad (6\text{-}12)$$

式（6-12）为四阶常系数非齐次线性微分方程，它的解由相应齐次线性微分方程 $\frac{\mathrm{d}^4}{\mathrm{d}x^4}y_1(x) + 4\beta^4 y_1(x) = 0$ 的通解和式（6-12）的特解组成。需要注意的是，由于隔离体 II 为有限长弹性地基梁，其齐次方程的通解应该用双曲函数表示。方程右边项通解的计算方程与式（6-4）右边第二项通解的求解方法相同，在此不再赘述，因此隔离体 II 的挠度方程为

$$y_2(x) = \sin\beta x\left(C_1 \sinh\beta x + D_1 \cosh\beta x\right) + \cos\beta x\left(E_1 \sinh\beta x + F_1 \cosh\beta x\right)$$

$$+ \frac{c_1 d_1^4 e^{-\frac{x}{d_1}}}{EI\left(4\beta^4 d_1^4 + 1\right)}\left(d_1 + x + \frac{4d_1}{4\beta^4 d_1^4 + 1}\right) \qquad (6\text{-}13)$$

式中，C_1、D_1、E_1、F_1 为待定系数。

如图 6-1（e）所示，$x \in (s, s+l)$，在 q_3 作用下，隔离体 III 为一悬臂梁结构，此时关键层上各载荷对任一截面 x 取矩可得悬臂梁的挠度微分方程为

$$EI\frac{\mathrm{d}^2}{\mathrm{d}x^2}y_3(x) = M_{\mathrm{III}} - Q_{\mathrm{III}}(x-s) - \int_0^{x-s}\left(e_1 t^2 + f_1 t + g_1\right)(x-s-t)\mathrm{d}t \qquad (6\text{-}14)$$

解挠度微分方程得隔离体 III 的挠度曲线方程为

$$y_3(x) = \frac{M_{\mathrm{III}}(x-s)^2}{2EI} - \frac{Q_{\mathrm{III}}(x-s)^3}{6EI} - \frac{e_1 x^6}{360EI} + \frac{(2e_1 s - f)x^5}{120EI} - \frac{\left(e_1 s^2 - f_1 s + g\right)x^4}{24EI}$$

$$+ \frac{\left(2e_1 s^3 - 3f_1 s^2 + 6g_1 s\right)x^3}{36EI} - \frac{s^2\left(e_1 s^2 - 2f_1 s + 6g_1\right)x^2}{24EI} + G_1 x + H_1$$

$$(6\text{-}15)$$

式中，G_1、H_1 为待定系数。

3. 关键层隔离体边界条件和连续性条件

图 6-1 关键层初次破断力学模型的边界条件和连续性条件从左到右全部列出：

$$\begin{cases} y_1(-\infty) = \dfrac{q}{k}, \quad y_1''(-\infty) = 0 \\[2mm] y_1(0) = y_2(0), \quad y_1'y_1'(0) = y_2'(0), \quad y_1''(0) = y_2''(0), \quad y_1'''(0) = y_2'''(0) \\[2mm] y_2(s) = y_3(s), y_2'(s) = y_3'(s), y_2''(s) = \dfrac{M_{\mathrm{II2}}}{EI}, y_2'''(s) = -\dfrac{Q_{\mathrm{II2}}}{EI} \\[2mm] y_3'(s+l) = 0, \quad y_2'''(s+l) = 0 \end{cases} \quad (6\text{-}16)$$

4. 关键层截面内力方程

求出关键层挠度方程 $y(x)$ 后，关键层任意截面的转角 θ、弯矩 M、剪力 Q 可由材料力学微分关系求得

$$\begin{cases} \theta = y'(x) = \dfrac{\mathrm{d}y}{\mathrm{d}x} \\[3mm] M = EIy''(x) = EI\dfrac{\mathrm{d}^2 y}{\mathrm{d}x^2} \\[3mm] Q = -EIy'''(x) = -EI\dfrac{\mathrm{d}^3 y}{\mathrm{d}x^3} \end{cases} \quad (6\text{-}17)$$

6.1.3　关键层初次破断时挠度和内力计算

联立方程式（6-11）、式（6-13）、式（6-15）、式（6-16）和式（6-17）即可解得关键层挠度方程中的待定系数 A_1、B_1、C_1、D_1、E_1、F_1、G_1、H_1、M_{III}、Q_{III}，由于求解待定系数过程繁杂，在此仅给出最终解。

$$\begin{cases} A_1 = F_1 + X_7 \\[2mm] B_1 = C_1 + X_9 \\[2mm] C_1 = \dfrac{(X_{21} + X_{22} + X_{23} + X_{24})}{24(\beta l + 1)\left[X_{17}{}^2 + 2X_{17}X_{18} + X_{18}{}^2 + (X_{19} + X_{20})^2 \right]EI\beta^3} \\[4mm] D_1 = C_1 + X_{11} \\[2mm] E_1 = F_1 + X_{12} \\[2mm] F_1 = \dfrac{(X_{25} + X_{26} + X_{27} + X_{28})}{24(\beta l + 1)\left[X_{19}{}^2 + 2X_{19}X_{20} + X_{20}{}^2 + (X_{17} + X_{18})^2 \right]EI\beta^3} \\[4mm] G_1 = -\dfrac{M_{\mathrm{III}}\,l}{EI} + X_2 \\[3mm] H_1 = X_{13}cd^4 + C_1 X_{17} + D_1 X_{18} + E_1 X_{19} + F_1 X_{20} - \left(-\dfrac{M_{\mathrm{III}}\,l}{EI} + X_2 \right)s - X_{15} \end{cases} \quad (6\text{-}18)$$

$$\begin{cases} M_{\text{III}} = \dfrac{(X_{29} + X_{30} + X_{31} + X_{32})}{12\beta(\beta l + 1)} \\[3mm] Q_{\text{III}} = \dfrac{1}{3}e_1 l^3 + \left(e_1 s + \dfrac{1}{2}f_1\right)l^2 + \left(e_1 s^2 + f_1 s + g_1\right)l \end{cases}$$

式中，X_i 为实常数，其均可通过代入采场相关参数求得。

将式（6-18）代入式（6-11）、式（6-13）、式（6-15）中即得关键层初次破断挠度方程；同样当挠度方程已知时，将其代入式（6-17）可以得到关键层初次破断时截面内力分布规律，由于篇幅限制就不再一一给出其显式。

6.2　松散层拱结构对关键层周期破断的影响

6.2.1　基本假设

为建立松散层拱影响下关键层周次破断力学模型，作如下假设：

（1）与 6.1.1 节中基本假设一致。

（2）认为关键层破断后侧向支承压力仍符合韦布尔分布函数，与初次破断不同的是，周期破断时载荷分布函数的参数发生改变。

（3）认为关键层破断后能够形成稳定的砌体梁，砌体梁的关键块对前方尚未破断的关键层有轴向推力和切向摩擦力。

6.2.2　关键层周期破断力学模型

设关键层顶界面的载荷分别为 q_1、q_2 和 q_3，关键层顶界面原岩载荷为 q，关键层破断块体长度相同均为 l，关键层侧向支承压力峰值与煤壁的距离为 x_0，支承压力峰值与关键层下伏岩层破断线间距离为 s，建立如图 6-2 所示的松散层拱影响下关键层周期破断力学模型。

根据关键层顶界面载荷分段分布的特点取关键层左跨部分进行隔离体的受力分析，如图 6-2（c）～（e）所示。需要注意的是，为了表达方便和易于理解，在计算关键层周期破断时，下面公式中各参数所表达的含义与初次破断基本一致，但是数值有差异。

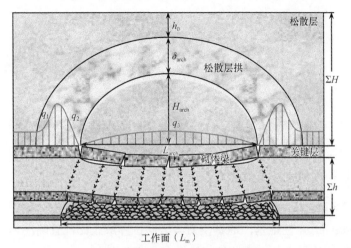

（a）松散层拱影响下关键层周期破段模型

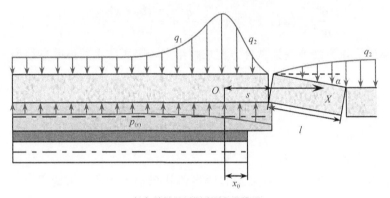

（b）关键层周期破断力学模型

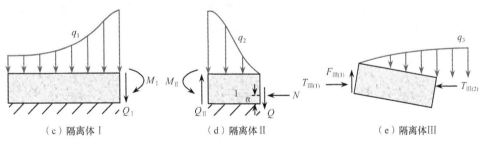

（c）隔离体Ⅰ　　　（d）隔离体Ⅱ　　　　　　（e）隔离体Ⅲ

图 6-2　关键层周期破断力学模型

$T_{Ⅲ(1)}$、$T_{Ⅲ(2)}$-水平推力；$F_{Ⅲ(1)}$-竖直剪力

1. 关键层顶界面载荷分布函数

与关键层初次破断时载荷分布规律相同，周期破断时关键层顶界面载荷分布如式（6-19）～式（6-21）所示：

$$q_1 = q + a_2 (b_2 - x) e^{\frac{x}{b_2}} \tag{6-19}$$

$$q_2 = c_2 (d_2 + x) e^{-\frac{x}{d_2}} \tag{6-20}$$

$$q_3 = e_2 x^2 + f_2 x + g_2 \tag{6-21}$$

式中，a_2、b_2、c_2、d_2、e_2、f_2 和 g_2 为待定系数，可根据实验室模拟和现场实测结果确定。

2. 关键层挠度曲线基本微分方程及形式解

如图 6-2（c）所示，$x \in (-\infty, 0)$，隔离体 I 在 q_1 作用下，关键层、下伏软弱岩层组成 Winkler 弹性地基，地基反力与竖向位移成正比，且隔离体 I 符合半无限弹性地基梁的边界条件，因此其挠度微分方程为[140]

$$\frac{d^4}{dx^4} y_1(x) + 4\beta^4 y_1(x) = \frac{q}{EI} + \frac{a_2(b_2 - x)}{EI} e^{\frac{x}{b_2}} \tag{6-22}$$

根据半无限弹性地基梁微分方程求解结果，隔离体 I 的挠度方程为

$$y_1(x) = e^{\beta x} \left(A_2 \cos \beta x + B_2 \sin \beta x \right) + \frac{q}{4EI\beta^4} + \frac{a_2 b_2^4 e^{\frac{x}{b_2}}}{EI \left(4b_2^4 \beta^4 + 1 \right)} \left(b_2 - x + \frac{4b_2}{4b_2^4 \beta^4 + 1} \right) \tag{6-23}$$

式中，A_2、B_2 为待定系数。

如图 6-2（d）所示，$x \in (0, s)$，隔离体 II 在 q_2 作用下，关键层、下伏软弱岩层组成 Winkler 弹性地基，且隔离体 II 符合有限长弹性地基梁的边界条件，需要指出的是隔离体 II 并不是简单的有限长弹性地基梁，由于受砌体梁传递的轴向推力和切向摩擦力的作用，隔离体 II 是典型轴向力作用下弹性地基梁的压曲问题，其挠度微分方程将更加复杂[140]：

$$\frac{d^4}{dx^4} y_2(x) + \frac{N}{EI} \frac{d^2}{dx^2} y_2(x) + \frac{k}{EI} y_2(x) = \frac{c_2(d_2 + x)}{EI} e^{\frac{x}{d_2}} \tag{6-24}$$

为了解式（6-24），令 $F_n = \frac{N}{EI}$，$F_c^2 = \frac{k}{EI}$，则方程（6-24）的齐次方程的特征方程为 $\lambda^4 + F_n \lambda^2 + F_c^2 = 0$，因此可得该特征方程的特征根为 $\lambda_{1,2,3,4} = \pm \sqrt{-\frac{F_n}{2} \pm \sqrt{\frac{F_n^2}{4} - F_c^2}}$，考虑到通常轴向力 N 较小，使得 $F_n < F_c$，同时令 $\xi = \frac{\sqrt{2F_c - F_n}}{2}$、$\eta = \frac{\sqrt{2F_c + F_n}}{2}$，所以可得特征方程的特征根为 $\lambda_{1,2,3,4} = \pm \xi \pm i\eta$，

则隔离体 II 的挠度方程为

$$y_2(x) = \sin \eta x (C_2 \sinh \xi x + D_2 \cosh \xi x) + \cos \eta x (E_2 \sinh \xi x + F_2 \cosh \xi x)$$

$$+ \frac{c_2 d_2^4 \mathrm{e}^{-\frac{x}{d_2}}}{EI(F_c^2 d_2^4 + F_n d_2^2 + 1)} \left(d_2 + x + \frac{2F_n d_2^3 + 4d_2}{F_c^2 d_2^4 + F_n d_2^2 + 1} \right) \qquad (6\text{-}25)$$

式中，C_2、D_2、E_2、F_2 为待定系数。

如图 6-2（e）所示，$x \in (s, s+l)$，在 q_3 作用下，隔离体 III 为砌体梁结构，其力学模型解析解参见 6.3 节。

3. 关键层隔离体边界条件和连续条件

图 6-2 关键层周期破断力学 yA 模型的边界条件和连续条件从左到右全部列出为

$$\begin{cases} y_1(-\infty) = \dfrac{q}{k}, \ y_1'(-\infty) = 0 \\ y_1(0) = y_2(0), \ y_1'(0) = y_2'(0), \ y_1''(0) = y_2''(0), \ y_1'''(0) = y_2'''(0) \\ y_2''(s) = 0, Q = EIy_2'''(s) + Ny_2'(s) \end{cases} \qquad (6\text{-}26)$$

式（6-26）中第 3 项的第二个边界条件需要考虑砌体梁轴向力对剪力的影响。

4. 关键层截面内力方程

求出关键层挠度方程 $y(x)$ 后，关键层任意截面的转角 θ、弯矩 M、剪力 Q 可由材料力学里微分关系求得

$$\begin{cases} \theta = y'(x) = \dfrac{\mathrm{d}y}{\mathrm{d}x} \\ M = EIy''(x) = EI\dfrac{\mathrm{d}^2 y}{\mathrm{d}x^2} \\ Q = -EIy'''(x) = -EI\dfrac{\mathrm{d}^3 y}{\mathrm{d}x^3} \end{cases} \qquad (6\text{-}27)$$

6.2.3 关键层周期破断时挠度和内力计算

联立方程式（6-23）、式（6-25）、式（6-26）和式（6-27）即可解得关键层挠度方程中的待定系数 A_2、B_2、C_2、D_2、E_2、F_2，由于求解待定系数过程繁杂，在此仅给出最终解。

$$
\begin{cases}
A_2 = F_2 + X_{11} \\
B_2 = C_2 X_{12} + F_2 X_{13} + X_{14} \\
C_2 = \dfrac{E_2 I X_{21} \eta^5 - 2\xi E_2 I X_{22} \eta^4 + X_{23} \eta^3 + X_{24} \eta^2 + X_{25} \eta - X_{26}}{X_{27} E_2 I \eta^5 + 3\xi E_2 I X_{28} \eta^4 + X_{29} \eta^3 - \xi X_{30} \eta^2 + 2\xi^2 X_{31} \eta + X_{32}} \\
D_2 = C_2 X_{15} + F X_{16} + X_{17} \\
E_2 = C_2 X_{18} + F X_{19} + X_{20} \\
F_2 = \dfrac{E_2 I X_{33} \eta^5 - 3\xi E_2 I X_{34} \eta^4 + X_{35} \eta^3 + X_{36} \eta^2 + X_{37} \eta - X_{38}}{X_{39} E_2 I \eta^5 + 3\xi E_2 I X_{40} \eta^4 + X_{41} \eta^3 - \xi X_{42} \eta^2 + 2\xi^2 X_{43} \eta + X_{44}}
\end{cases}
\tag{6-28}
$$

式中，X_i 为实常数，其均可通过代入采场相关参数求得。

将式（6-28）代入式（6-23）、式（6-25）中即可得到采场松散层拱的关键层周期破断挠度方程；同样当挠度方程已知时，将其代入式（6-27）可以得到关键层周期破断时截面内力分布规律，由于篇幅限制就不再——给出其显式。

6.3　松散层拱结构对砌体梁结构稳定性的影响

6.3.1　砌体梁力学模型

关键层破断后形成砌体梁[141, 142]，如图 6-3（a）所示，假设上覆岩层中含有 3 层关键层，关键层破断后形成 3 层砌体梁，由上往下分别为 1、2 和 3。第 1 层砌体梁顶界面载荷由于松散层拱的载荷传递作用而呈现出非均匀分布。第 1 层砌体梁力学模型如图 6-3（b）所示，设相邻两块体间的剪切力分别为 $R_{(1)0\text{-}0}$、$R_{(1)0\text{-}1}$、$R_{(1)1\text{-}2}$、$R_{(1)2\text{-}3}$、$R_{(1)3\text{-}4}$、$R_{(1)4\text{-}5}$；C、D、E、F、G 岩块的支座反力分别为 R_{11}、R_{12}、R_{13}、R_{14}、R_{15}；B、C、D、E、F、G 岩块的自重力为 $Q_{(1)0}$、$Q_{(1)1}$、$Q_{(1)2}$、$Q_{(1)3}$、$Q_{(1)4}$、$Q_{(1)5}$；根据岩层移动特点，设岩块 B 与岩块 C 铰接点下沉值为 s_{10}，则其他各铰接点相对于其前铰接点的下沉值分别为 s_{11}、s_{12}、s_{13}、s_{14}；假设第 1 层"砌体梁"各岩块的长度均为 L_1，厚度均为 h_1。图 6-3（b）中各岩块的静力平衡关系如图 6-3（c）所示。

根据图 6-3（c）中各岩块的静力平衡关系：

$$
\begin{cases}
\sum F_x = 0 \\
\sum F_y = 0 \\
\sum M_O = 0
\end{cases}
\tag{6-29}
$$

式中，F_x、F_y 分别为 x 轴、y 轴方向的所有外力；M_O 为 x 轴和 y 轴方向所有外力对 O 的力矩。

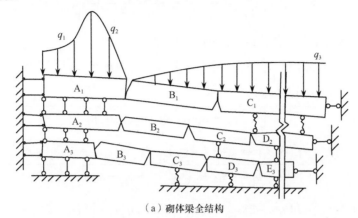

（a）砌体梁全结构

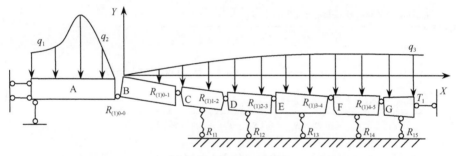

（b）第1层砌体梁平衡结构

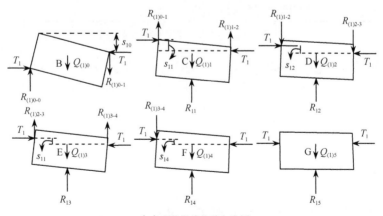

（c）砌体梁块体受力分析

图 6-3　砌体梁力学模型

由此可得形成砌体梁平衡结构的水平支撑力 T_1 为

$$T_1 = \frac{(11e_3L_1 + 4f_3)L_1^3}{12[h_1 - s_{10} + 2(s_{11} - s_{12} + s_{13} - s_{14})]} \tag{6-30}$$

各个支座的反力及有关铰接点的剪切力为

$$R_{(1)0\text{-}0} = \frac{\left\{\left[6(h_1 - s_{10}) + (s_{11} - s_{12} + s_{13} - s_{14})\right]e_3L_1 + \left[3(h_1 - s_{10}) + 2(s_{11} - s_{12} + s_{13} - s_{14})\right]f\right\}L_1^2}{6[h_1 - s_{10} + 2(s_{11} - s_{12} + s_{13} - s_{14})]}$$

$$R_{(1)0\text{-}1} = \frac{\left\{\left[4(h_1 - s_{10}) + 3(s_{11} - s_{12} + s_{13} - s_{14})\right]e_3L_1 - 4(s_{11} - s_{12} + s_{13} - s_{14})f_3\right\}L_1^2}{6[h_1 - s_{10} + 2(s_{11} - s_{12} + s_{13} - s_{14})]}$$

$$R_{11} = \frac{\left\{\left[3(h_1 - s_{10}) + (17s_{11} - 28s_{12} + 28s_{13} - 28s_{14})\right]e_3L_1 + \left[8(h_1 - s_{10}) + (20s_{11} - 24s_{12} + 24s_{13} - 24s_{14})\right]f_3\right\}L_1^2}{6[h_1 - s_{10} + 2(s_{11} - s_{12} + s_{13} - s_{14})]}$$

$$R_{12} = \frac{\left\{\left[47(h_1 - s_{10}) + (94s_{11} - 83s_{12} + 72s_{13} - 72s_{14})\right]e_3L_1 + \left[16(h_1 - s_{10}) + (32s_{11} - 28s_{12} + 24s_{13} - 24s_{14})\right]f_3\right\}L_1^2}{6[h_1 - s_{10} + 2(s_{11} - s_{12} + s_{13} - s_{14})]}$$

$$R_{13} = \frac{\left\{\left[63(h_1 - s_{10}) + (126s_{11} - 126s_{12} + 137s_{13} - 148s_{14})\right]e_3L_1 + \left[20(h_1 - s_{10}) + (40s_{11} - 40s_{12} + 44s_{13} - 48s_{14})\right]f_3\right\}L_1^2}{6[h_1 - s_{10} + 2(s_{11} - s_{12} + s_{13} - s_{14})]}$$

$$R_{14} = \frac{\left\{\left[131(h_1 - s_{10}) + (262s_{11} - 262s_{12} + 262s_{13} - 251s_{14})\right]e_3L_1 + \left[28(h_1 - s_{10}) + (56s_{11} - 56s_{12} + 56s_{13} - 52s_{14})\right]f_3\right\}L_1^2}{6[h_1 - s_{10} + 2(s_{11} - s_{12} + s_{13} - s_{14})]}$$

$$R_{15} = \left(\frac{91}{3}e_3L_1 + \frac{11}{2}f_3\right)L_1^2$$

$$\tag{6-31}$$

现在来分析第 2 层砌体梁，此时 R_{11}、R_{12}、R_{13}、R_{14}、R_{15} 将作为此岩层的载荷而不再是图 6-3（b）中的 q_3 作为岩层载荷。假设第 2 层砌体梁各岩块的长度均

为 L_2，厚度均为 h_2，此时岩层的结构力学模型仍然参照图 6-3（b），只是图中相邻两块体间的剪切力分别为 $R_{(2)0-0}$、$R_{(2)0-1}$、$R_{(2)1-2}$、$R_{(2)2-3}$、$R_{(2)3-4}$，C、D、E、F、G 岩块的支座反力分别为 R_{21}、R_{22}、R_{23}、R_{24}、R_{25}。由此可将第 2 层砌体梁中各岩块的未知力的关系列成如下矩阵。

$$
\begin{bmatrix}
M_{20} \\
M_{20} \\
M_{21} \\
M_{21} \\
M_{22} \\
M_{22} \\
M_{23} \\
M_{23} \\
M_{24} \\
M_{24}
\end{bmatrix}
=
\begin{bmatrix}
L_2 & & & & & & & -(h_2-s_{20}) \\
-L_2 & & & & & & & (h_{21}-s_{20}) \\
L_2 & \dfrac{L_2}{2} & & & & & & s_{21} \\
 & \dfrac{L_2}{2} & L_2 & & & & & -s_{21} \\
 & & -L_2 & \dfrac{L_2}{2} & & & & s_{22} \\
 & & & \dfrac{L_2}{2} & -L_2 & & & -s_{22} \\
 & & & & L_2 & \dfrac{L_2}{2} & & s_{23} \\
 & & & & & \dfrac{L_2}{2} & L_2 & -s_{23} \\
 & & & & & & -L_2 & \dfrac{L_2}{2} & s_{24} \\
 & & & & & & & \dfrac{L_2}{2} & -s_{24}
\end{bmatrix}
\begin{bmatrix}
R_{(2)0-0} \\
R_{(2)0-1} \\
R_{21} \\
R_{(2)1-2} \\
R_{22} \\
R_{(2)2-3} \\
R_{23} \\
R_{(2)3-4} \\
R_{24} \\
T_2
\end{bmatrix}
$$

$$\text{（6-32）}$$

显然上述分析对于下面的各层砌体梁均适用，若以 $[M_i]$ 表示第 i 层砌体梁等式左侧载荷距的列向量，$[R_i]$ 表示等式右边第 i 层砌体梁所受未知力的列向量，$[F_i]$ 表示未知力前的系数矩阵，则第 i 层砌体梁方程组可以表达为

$$[M_i] = [F_i][R_i] \tag{6-33}$$

由此可知第 i 层方程组的增广矩阵 $\overline{A}$ 为

$$\overline{A} = \begin{bmatrix} L_i & & & & & & -(h_i - s_{i0}) & M_{i0} \\ & -L_i & & & & & (h_i - s_{i0}) & M_{i0} \\ & L_i & \dfrac{L_i}{2} & & & & s_{i1} & M_{i1} \\ & & \dfrac{L_i}{2} & L_i & & & -s_{i1} & M_{i1} \\ & & & -L_i & \dfrac{L_i}{2} & & s_{i2} & M_{i2} \\ & & & & \dfrac{L_i}{2} & -L_i & -s_{i2} & M_{i2} \\ & & & & L_i & \dfrac{L_i}{2} & s_{i3} & M_{i3} \\ & & & & & \dfrac{L_i}{2} & L_i & -s_{i3} & M_{i3} \\ & & & & & -L_i & \dfrac{L_i}{2} & s_{i4} & M_{i4} \\ & & & & & & \dfrac{L_i}{2} & -s_{i4} & M_{i4} \end{bmatrix}$$

（6-34）

由上述增广矩阵很容易得到各未知力的解，即松散层拱影响下砌体梁任意岩块的受力状态。

6.3.2 关键块力学模型

根据图 6-2 中隔离体Ⅲ的力学分析，建立如图 6-4 所示的关键块力学模型。根据关键块回转时的接触几何关系，设关键层两端挤压接触面高度 $a_{\mathrm{p}} = \dfrac{1}{2}(h - l\sin\theta)$，关键块Ⅰ的下沉量 $W_1 = l\sin\theta_1$，关键块Ⅱ的下沉量 $W_2 = l(\sin\theta + \sin\theta_1)$，根据对砌体梁的计算可近似认为关键块Ⅱ下部的支撑力等于其上部的载荷 $R = \int_{l}^{2l}(ex^2 + fx + g)\mathrm{d}x$，同时可认为 $i = \dfrac{h}{l}$，$\theta_1 \approx \dfrac{1}{4}\theta$（$i$ 为关键块的断裂度；θ 为关键块Ⅰ的转角；θ_1 为关键块Ⅱ的转角；e、f、g 均为载荷参数）。

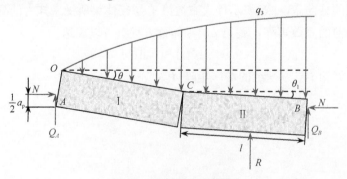

图 6-4　关键块力学模型

在图 6-4 中取力矩平衡和静力平衡如下：

$$\begin{cases} \int_0^{2l}\left(ex^2+fx\right)x\mathrm{d}x-\dfrac{3}{2}Rl-2Q_Bl-N\left(h-a_p-W_2\right)=0 \\ \int_l^{2l}\left(ex^2+fx\right)(x-l)\mathrm{d}x-\dfrac{1}{2}Rl-Q_Bl-N\left(W_2-W_1\right)=0 \\ Q_A+Q_B=\int_0^l\left(ex^2+fx\right)\mathrm{d}x \end{cases} \quad （6\text{-}35）$$

式中，Q_A、Q_B 为关键块 A 点、B 点的摩擦力；N 为关键块水平推力，即传递的轴向力。

由式（6-35）可得砌体梁向图 6-2 中隔离体 II 传递的轴向力：

$$N=-\frac{fh^2}{i^2\left(\sin\theta-2i\right)} \quad （6\text{-}36）$$

同时可得

$$\begin{cases} Q_A=\dfrac{h^2\left(he\sin\theta+8fi\sin\theta-2ehi-10fi^2\right)}{12i^3\left(\sin\theta-2i\right)} \\[4mm] Q_B=\dfrac{h^2\left(3he\sin\theta-2fi\sin\theta-6ehi-2fi^2\right)}{12i^3\left(\sin\theta-2i\right)} \end{cases} \quad （6\text{-}37）$$

根据关键块 II 的受力分析可知 $Q_C=Q_B$。

6.3.3　关键块稳定性分析

1）滑落失稳

关键块的最大剪力产生于 A 点，为防止结构滑落失稳，必须满足下面的条件[143, 144]，即

$$N\tan\varphi\geqslant Q_A \quad （6\text{-}38）$$

将式（6-36）、式（6-37）代入式（6-38）可得

$$\tan\varphi\geqslant-\frac{eh\sin\theta+8fi\sin\theta-2ehi-10fi^2}{12fi} \quad （6\text{-}39）$$

2）回转变形失稳

根据回转变形失稳条件，$N\leqslant a_p\zeta\sigma_c$ [143, 144]（$\zeta\sigma_c$ 为关键块在两端接触位置处的挤压强度，$\dfrac{N}{a_p}$ 为接触面上平均挤压应力，σ_c 为关键层抗压强度），由大量实测数据可取 $\zeta=0.3$，将式（6-36）、式（6-37）代入回转变形条件可得

$$\sigma_c \geq \frac{20fh}{3i\left(\sin^2\theta - 3i\sin\theta + 2i^2\right)} \qquad (6\text{-}40)$$

6.4 基于松散层拱结构的关键层破断程序设计

尽管基于弹性地基梁理论建立了采动覆岩破断失稳力学模型并得到了解析解，但是不难发现理论计算结果极其复杂[式（6-18）、式（6-28）]，极大地限制了对具体工程问题的分析。因此，基于计算机结构化程序设计开发松散层拱影响下的关键层破断规律软件十分必要。

6.4.1 Visual Basic 程序设计

采用 Visual Basic 6.0 软件编制松散层拱影响下的关键层破断规律软件。该程序可用于计算松散层拱影响下关键层在不同载荷分布下的内力分布规律。程序计算中需要输入的参数有：关键层强度参数、工作面开采尺寸参数、关键层顶界面载荷分布参数和关键层及下伏岩层强度参数等。

松散层拱影响下的关键层破断规律软件包括 3 个应用选项：基于弹性地基梁松散层拱影响下的关键层初次破断规律、基于弹性地基梁松散层拱影响下的关键层周期破断规律和松散层拱影响下松散层载荷折减系数确定，软件的结构流程图如图 6-5 所示。

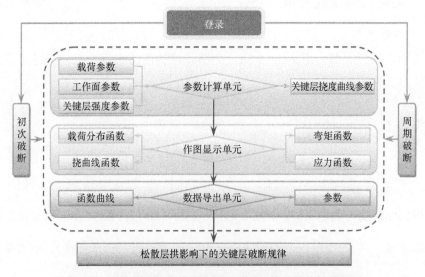

图 6-5 松散层拱影响下的关键层破断规律软件结构流程图

1）参数计算单元

软件参数计算单元的设计思路为：通过输入现场实测或者实验室模拟获得的关键层顶界面载荷分布函数的具体参数、工作面开采尺寸参数和关键层及下伏岩层强度参数计算关键层挠曲线参数和涉及后续画图单元中使用到的中间参数。计算参数过程按照求取参数过程逐步完成，逐步查错。

2）作图显示单元

软件作图显示单元的设计思路为：根据关键层载荷参数首先使用画图函数呈现出关键层载荷分布规律；其次根据参数计算单元中求得的挠度参数和中间参数呈现出关键层挠度分布规律；最后根据挠度与弯矩、应力的转换关系呈现出关键层弯矩和应力分布规律。在作图显示单元中坐标轴的范围是根据输入数据和相关曲线的最大值确定的。

3）数据导出单元

软件数据导出单元的设计思路为：将参数计算单元中计算得出的关键层挠度曲线参数和中间参数导出至 TXT 文档中，便于后续分析。

软件的主界面如图 6-6 所示，软件的主界面主要由标题栏、菜单栏组成。菜单栏设计了 5 个一级菜单，分别为"登录（Login）""关键层初次破断（First Fracture）"

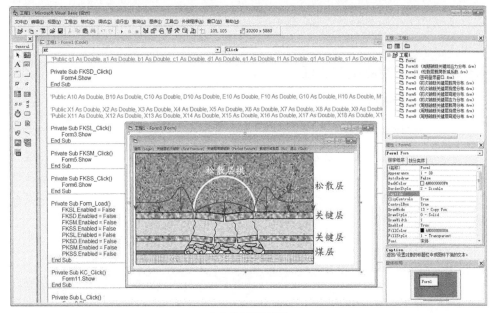

（a）集成开发环境

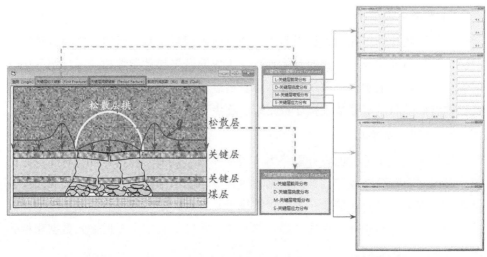

（b）软件主界面及构成

图 6-6　松散层拱下关键层破断规律软件集成开发环境及主界面

"关键层周期破断（Period Fracture）""载荷折减系数（K_C）""退出（Quit）"；同时在"关键层初次破断""关键层周期破断"两个一级菜单下分别设置了 4 个二级菜单，分别为"L-关键层载荷分布""D-关键层挠度分布""M-关键层弯矩分布""S-关键层应力分布"。二级菜单"L-关键层载荷分布"窗体上分别设置参数输入区域、图片显示输出区域和命令控制区域；二级菜单"D-关键层挠度分布"窗体上分别设置图片显示输出区域、参数输出区域和命令控制区域；二级菜单"M-关键层弯矩分布""S-关键层应力分布"窗体上仅设置了图片显示输出区域。

6.4.2　软件功能测试与验证

1. 软件功能测试

为了验证松散层拱影响下的关键层破断规律理论分析的正确性和软件的有效性，在软件中代入实际参数分别计算关键层初次破断和周期破断时的挠度曲线和内力分布规律。代入具体参数时忽略初次和周期破断相关参数的差异性，即计算初次破断和周期破断关键层挠度曲线与内力分布规律时使用同一套参数，具体参数见表 6-1。

表6-1　计算参数

类别	参数	参数值
载荷分布参数	关键层顶界面原岩载荷 q/Pa	5000000
	式（6-1）中 a_1/Pa	700000
	式（6-1）中 b_1	10
	式（6-2）中 c_1/Pa	4000000
	式（6-2）中 d_1	3
	式（6-3）中 e_1/Pa	−2316.592
	式（6-3）中 f_1/Pa	231659.2
	式（6-3）中 g_1/Pa	−3706547.2
关键层及下伏岩层强度参数	关键层厚度 h/m	15
	关键层宽度 b/m	1
	关键层抗弯刚度 EI/（N·m²）	5.625×10^{12}
	弹性地基系数 k/（GPa/m）	1.00
工作面开采尺寸参数	支承压力峰值与关键层下伏岩层破断线间距离 s/m	20
	关键层悬跨距的一半 l/m	30
	工作面采宽的一半 L/m	40
	岩层破断角 α/（°）	75
	关键层底界面与煤层顶界面间的距离 $\sum h$/m	40

1）初次破断

关键层初次破断载荷分布、挠度曲线和内力分布规律如图 6-7 所示。

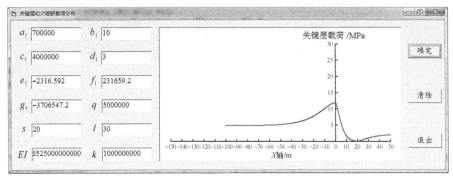

（a）载荷曲线

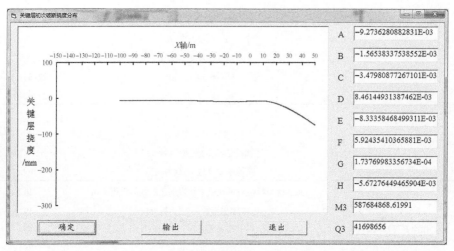

（b）挠度曲线

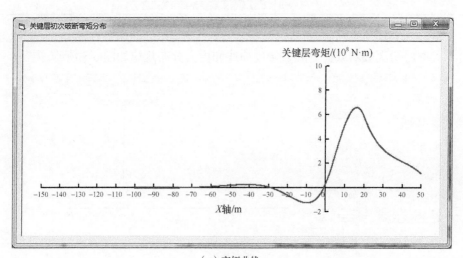

（c）弯矩曲线

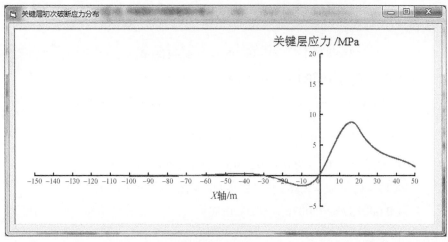

（d）应力曲线

图 6-7 关键层初次破断载荷分布、挠度曲线和内力分布规律

由图 6-7（b）可得关键层挠度参数及中间参数见表 6-2，软件计算得出的关键层初次破断挠度函数表达式如式（6-41）所示。

表6-2 参数计算结果（初次破断）

参数	论文中软件计算数值	Maple 软件计算数值	误差/%
A	-9.273628×10^{-3}	-9.392101×10^{-3}	-1.26
B	-1.565383×10^{-3}	-1.538656×10^{-3}	1.74
C	-3.479809×10^{-3}	-3.832085×10^{-3}	-9.19
D	8.461449×10^{-3}	8.688825×10^{-3}	-2.62
E	-8.333585×10^{-3}	-8.544922×10^{-3}	-2.47
F	5.924354×10^{-3}	5.736263×10^{-3}	3.28
G	1.737700×10^{-4}	1.818446×10^{-4}	-4.44
H	-5.672764×10^{-3}	-5.800829×10^{-3}	-2.21
M_3	5.876849×10^{8}	5.913840×10^{8}	-0.63
Q_3	4.169866×10^{7}	4.169866×10^{7}	0.00

$$y(x) = \begin{cases} e^{0.0816x}\left(-0.009273\cos0.0816x - 0.001565\sin0.0816x\right) \\ \quad + 0.000448e^{\frac{x}{10}}(24.4 - x) + 0.005 \qquad x \in [-100, 0] \\ (-0.003479\sinh0.0816x + 0.008461\cosh0.0816x) \\ \quad \times \sin0.0816x + (-0.008333\sinh0.0816x + 0.005924\cosh0.0816x) \\ \quad \times \cos0.0816x + 0.000056e^{-\frac{x}{3}}(14.8 + x) \qquad x \in [0, 20] \\ 0.000052(x-20)^2 - 0.00000123(x-20)^3 + 1.143\times10^{-12}x^6 \\ \quad -4.8\times10^{-10}x^5 + 6.86\times10^{-8}x^4 - 3.75\times10^{-6}x^3 + 9.61\times10^{-5}x^2 \\ \quad + 0.000182x - 0.0076 \qquad x \in [20, 50] \end{cases} \qquad (6\text{-}41)$$

2）周期破断

使用与关键层初次破断相同的参数，经过计算，关键层周期破断载荷曲线、挠度曲线和内力分布规律如图 6-8 所示。

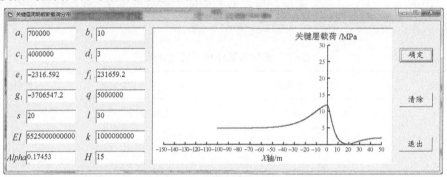

（a）载荷曲线

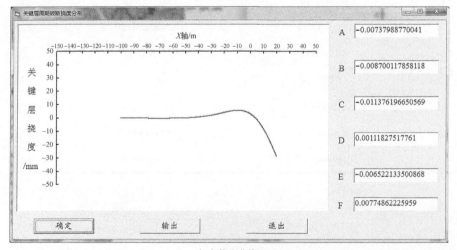

（b）挠度曲线

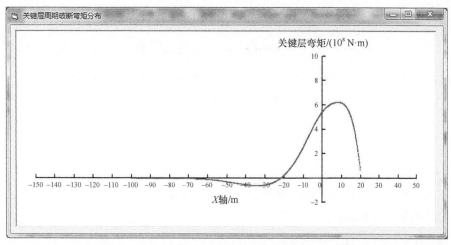

（c）弯矩曲线

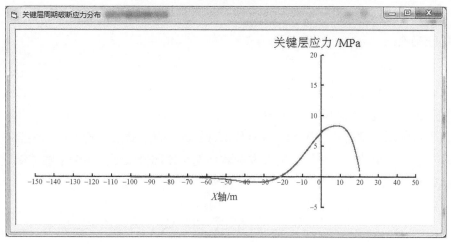

（d）应力曲线

图 6-8　关键层周期破断载荷分布、挠度曲线和内力分布规律

由图 6-8（b）可得关键层挠度参数及中间参数见表 6-3，计算得出的关键层周期破断挠度函数表达式如式（6-42）所示。

表6-3　参数计算结果（周期破断）

参数	论文中软件计算数值	Maple 软件计算数值	误差/%
A	-7.379888×10^{-3}	-7.321079×10^{-3}	0.80
B	-8.700118×10^{-3}	-8.667949×10^{-3}	0.37
C	-1.137620×10^{-2}	-1.172469×10^{-2}	-2.97
D	1.118275×10^{-3}	1.228431×10^{-3}	-8.97
E	-6.522134×10^{-3}	-6.411784×10^{-3}	1.72
F	7.748622×10^{-3}	7.636512×10^{-3}	1.47

$$y(x)=\begin{cases}e^{0.0816x}\left(-0.007379\cos0.0816x-0.0087\sin0.0816x\right)\\+0.000448e^{\frac{x}{10}}\left(24.4-x\right)+0.005 \qquad x\in[-100,0]\\(-0.011376\sinh0.0816x+0.001118\cosh0.0816x)\sin0.0816x\\+\left(-0.006522\sinh0.0816x+0.007748\cosh0.0816x\right)\cos0.0816x\\+0.0000568e^{-\frac{x}{3}}\left(14.8+x\right) \qquad x\in[0,20]\end{cases} \qquad (6\text{-}42)$$

3）松散层载荷折减系数

将表 6-1 中相关参数代入松散层"载荷折减系数"计算单元，得到松散层的载荷折减系数为 0.66。

2. 基于 Maple 计算的理论验证

通过 Maple 数学计算软件逐条计算，将两种计算结果相互比较验证新编制软件的正确性。

1）初次破断

使用 Maple 软件逐条计算的最终结果见表 6-2，使用 Maple 软件计算的关键层初次破断挠度曲线和内力分布规律，如图 6-9 所示。如图 6-7、图 6-9 所示，经对比发现使用开发的软件和 Maple 软件所计算的关键层挠度、弯矩和应力分布规律相一致，数值相差较小，说明开发的软件能够体现松散层拱影响下的关键层初次破断规律。

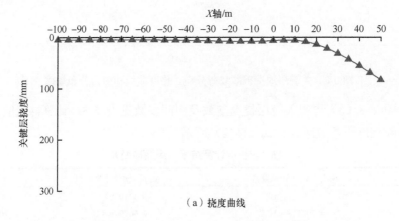

（a）挠度曲线

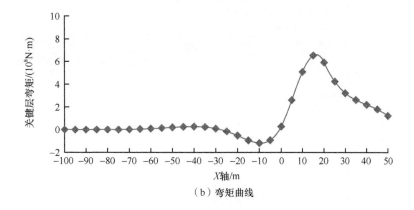

（b）弯矩曲线

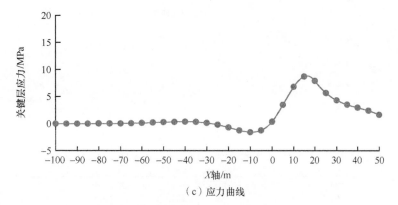

（c）应力曲线

图 6-9　关键层初次破断挠度曲线、弯矩曲线和内力分布规律

2）周期破断

同样使用 Maple 软件逐条计算的最终结果见表 6-3，用 Maple 软件计算的关键层周期破断挠度曲线、弯矩曲线和内力分布规律如图 6-10 所示。如图 6-8、图 6-10 所示，经对比发现使用开发的软件和 Maple 软件所计算的关键层挠度曲线、弯矩和应力分布规律相一致，数值相差较小，说明开发的软件能够体现松散层拱影响下的关键层周期破断规律。

3）松散层载荷折减系数

使用 Maple 得出相同条件下松散层载荷折减为 0.66。因此，开发的松散层拱影响下松散层“载荷折减系数”确定单元的计算结果与理论结果一致。

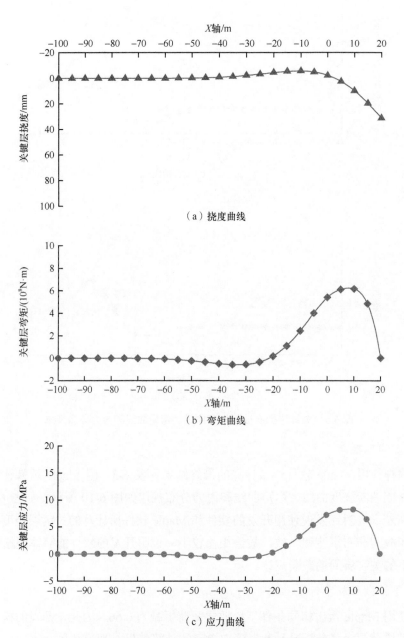

（a）挠度曲线

（b）弯矩曲线

（c）应力曲线

图 6-10　关键层周期破断挠度曲线、弯矩曲线和内力分布规律

6.5 松散层拱结构在采场矿压控制中的应用

6.5.1 厚松散层矿区顶板关键层破断规律

根据松散层拱对采动覆岩破断失稳影响的研究结果，将采场上覆岩层基本参数代入 6.4 节中的计算软件中，具体参数如表 6-1 所示，研究工作面采宽分别为 100m、150m 和 200m 及弹性地基系数分别为 0.5GPa/m、1.0GPa/m 和 2.0GPa/m 时关键层挠度和弯矩分布规律。3 种不同采宽时关键层上覆载荷分布根据式（5-1）计算，结果如图 6-11 所示。

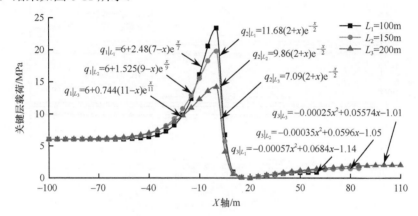

图 6-11 不同采宽时关键层载荷分布

L_1、L_2、L_3-采宽；q_1、q_2、q_3-关键层载荷

随着采宽的增大，松散层拱跨度和矢高逐渐增大，松散层拱厚度同样逐渐增大，这就导致松散层拱正下方关键层的上覆载荷逐渐增大，而松散层拱拱基处的应力峰值反而降低从而影响范围随着松散层拱厚度的增大而逐渐增大，所以当采宽分别为 100m、150m 和 200m 时，松散层拱正下方关键层上覆载荷最大值分别为 0.91MPa、1.48MPa 和 2.05MPa，松散层拱拱基处关键层载荷峰值分别为 23.37MPa、19.72MPa 和 14.19MPa，影响范围分别为 40m、50m 和 60m。

1. 关键层初次破断规律

图 6-12 为按照传统的均布载荷计算方法[145, 146]和松散层拱影响下的计算方法得出不同采宽时关键层初次破断前挠度和弯矩的分布规律。

（1）与传统均布载荷条件计算方法相同，随着工作面采宽的增大，关键层挠度逐渐增大。但是，松散层拱影响下的关键层挠度最大值仅为传统方法的

9%、13%和 16%。

（2）随着工作面采宽的增大，关键层弯矩逐渐增大，松散层拱影响下的关键层弯矩最大值为传统方法的 10%、13%和 17%。采用传统方法计算时，不同采宽时关键层弯矩峰值均位于工作面煤壁前方 2m，而松散层拱影响下的关键层弯矩峰值位于工作面煤壁前方 8m，大于传统方法。

（3）不同采宽条件下松散层拱影响下的关键层初次破断时挠度和弯矩峰值均显著低于传统方法计算结果，弯矩峰值相比传统方法更向煤壁深处转移。因此，相比于传统方法，松散层拱影响下的关键层初次破断距增大。

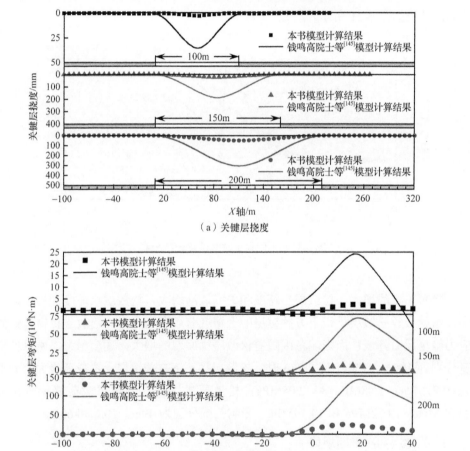

图 6-12   不同采宽关键层初次破断挠度和弯矩

当工作面采宽为 150m 时，与传统均布载荷条件计算方法相比，不同弹性地基系数时的关键层初次破断挠度和弯矩分布规律如图 6-13 所示，图中虚线表示按照基于松散层拱的关键层破断规律计算值，实线表示按照传统均布载荷计算值。

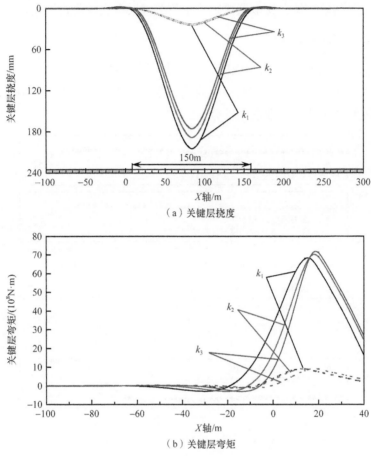

（a）关键层挠度

（b）关键层弯矩

图 6-13　不同弹性地基系数时关键层初次破断挠度和弯矩

k_1、k_2、k_3-弹性地基系数

（1）随着关键层下伏岩层弹性地基系数的增大，关键层挠度逐渐减小，松散层拱影响下的计算方法和传统方法计算结论一致。但是，松散层拱影响下的关键层挠度最大值仅为传统方法的 12%、13% 和 14%。

（2）随着关键层下伏岩层弹性地基系数的增大，关键层弯矩逐渐增大，松散层拱影响下的关键层弯矩最大值为传统方法的 18%、13% 和 10%。传统方法计算时，不同弹性地基系数时关键层弯矩峰值分别位于工作面煤壁前方 6m、4m 和 2m，而松散层拱影响下的关键层弯矩峰值分别位于工作面煤壁前方 8m、6m 和 4m，大于传统方法。

（3）不同弹性地基系数条件下松散层拱影响下关键层初次破断时的挠度和弯矩峰值均显著低于传统方法计算结果，弯矩峰值相比传统方法更向煤壁深处转移。因此，相比于传统方法，松散层拱影响下的关键层初次破断距增大。

2. 关键层周期破断规律

图6-14为按照传统的均布载荷计算方法[145, 146]和松散层拱影响下的计算方法得出不同采宽时关键层周期破断挠度曲线、弯矩曲线的分布规律。由于对称性，关键层挠度和弯矩曲线只取左半部分。

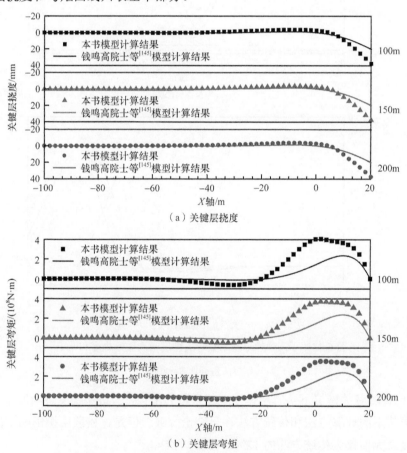

图6-14　不同采宽时关键层周期破断时挠度和弯矩

（1）关键层周期破断时，与传统均布载荷方法计算相同，随着工作面采宽的增大，关键层挠度略微增大。但是，传统方法的关键层挠度峰值仅为松散层拱影响下的53%、53%和53%。

（2）随着工作面采宽的增大，关键层的弯矩逐渐增大，传统方法的关键层弯矩峰值仅为松散层拱影响下的59%、64%和68%。采用传统方法时弯矩峰值均位于工作面煤壁前方10m，而松散层拱影响下的关键层弯矩峰值均位于煤壁前方的18m处，大于传统方法计算结果。

（3）不同采宽条件下，松散层拱影响下关键层周期破断时挠度和弯矩峰值显著大于传统值，且最大弯矩值相比传统方法更向关键层深处靠近。因此，相比传统方法，松散层拱影响下的关键层周期破断距增大。

当工作面采宽为150m时，与传统均布载荷条件计算方法相比，不同弹性地基系数时关键层周期破断的挠度和弯矩分布规律如图6-15所示，图中虚线表示按照基于松散层拱的关键层判断规律计算值，实线表示按照传统均布载荷计算值。

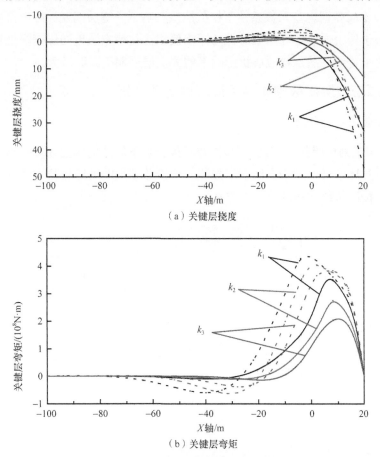

（a）关键层挠度

（b）关键层弯矩

图6-15　不同弹性地基系数时关键层周期破断挠度和弯矩

（1）周期破断时，随着关键层下伏岩层弹性地基系数的增大，关键层挠度逐渐减小，传统方法的关键层挠度峰值仅为松散层拱影响下的71%、53%和39%，弹性地基系数越大，相比于传统方法计算结果，松散层拱影响下的关键层挠度越大。

（2）采用传统方法计算时，随着弹性地基系数的增大，关键层弯矩逐渐减小，关键层弯矩峰值与工作面煤壁的距离同样逐渐减小，分别为12m、10m和8m。松散层拱影响下的关键层弯矩峰值随着弹性地基系数的增大同样逐渐减小，但均大于传统方法计算结果，分别为传统方法的123%、148%和183%。同样关键层弯矩峰值与工作面煤壁的距离逐渐减小，分别为22m、18m和14m，同样大于传统方法计算结果。

（3）不同弹性地基系数条件下松散层拱影响下关键层周期破断时挠度和弯矩峰值均大于传统方法计算结果，但弯矩峰值相比传统方法更向煤壁深处转移。因此，相比于传统方法，松散层拱影响下的关键层周期破断距增大。

6.5.2　厚松散层矿区砌体梁关键块稳定性分析

1. 关键块受力分析

图6-16为按照传统方法[144]和松散层拱影响下的结构模型计算得出的关键块受力分析对比结果，图中实线表示按照基于松散层拱的关键块稳定性计算方法，虚线表示按照传统均布载荷计算方法。

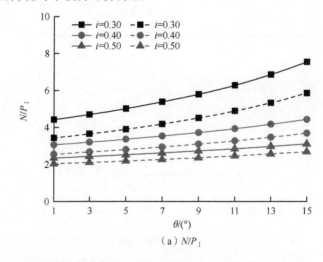

（a）N/P_1

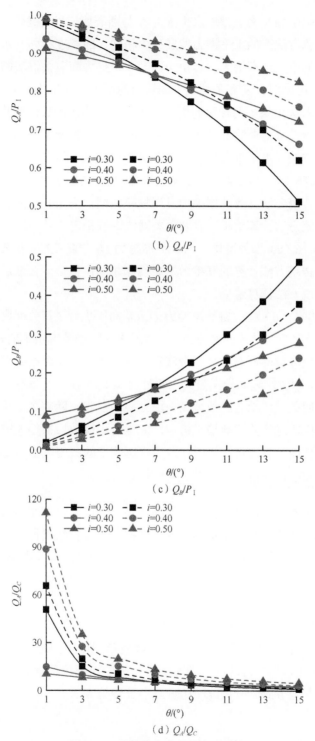

图 6-16　关键块应力分量变化规律

（1）图 6-16（a）为关键块水平推力 N 与断裂度 i 及关键块 I 的转角 θ 的关系。与传统计算方法下的水平推力发展规律相同，断裂度相同时水平推力随着关键块 I 的转角的增大逐渐增大，转角相同时水平推力随着关键块断裂度的增大逐渐减小；当 $i \geqslant 0.40$ 时，随着关键块 I 的转角的增大，水平推力变化较小，而当 $i < 0.40$ 时，随着关键块 I 的转角的增大，水平推力快速增长，因此松散层拱影响下的关键块同样是几何非线性结构；但是，松散层拱影响下关键块水平推力明显大于传统计算方法，水平推力越大，关键块结构越趋于稳定。

（2）图 6-16（b）为关键块 I 在 A 点摩擦力 Q_A 与断裂度 i 及关键块 I 的转角 θ 的关系，与传统方法计算的摩擦力发展规律相同；但是，松散层拱影响下的摩擦力要小于传统方法计算结果，有利于关键块保持稳定。

（3）图 6-16（c）为关键块 I 在 B 点摩擦力 Q_B 与断裂度 i 及关键块 I 的转角 θ 的关系，与传统方法计算的摩擦力发展规律相同；但是，松散层拱影响下的摩擦力要大于传统方法计算结果。

（4）图 6-16（d）为关键块摩擦力 Q_A/Q_C 与断裂度 i 及关键块 I 的转角 θ 的关系，与传统计算方法计算的摩擦力发展规律相同，当关键块 I 的转角趋于零时，即关键块在采空区冒落矸石、裂隙带破碎岩体、采用留设煤柱或采用充填法支撑下不发生回转，Q_A/Q_C 趋向于无穷大，此时 A 点的摩擦力基本等于关键块 I 所承载的载荷，说明关键块承受的载荷完全由 A 点所承担；随着关键块 I 的转角逐渐增大，Q_A/Q_C 快速降低并逐渐趋于稳定，但是基于松散层拱的关键块稳定性计算结果明显小于传统计算方法，表明松散层拱影响下的关键块不易发生变形失稳。

2. 关键块稳定性分析

根据关键块不发生滑落失稳的条件[式（6-39）]，A 点的摩擦力与水平推力的比值越小，关键块越不易发生滑落失稳。根据上述计算结果得出关键块摩擦力和水平推力的比值及关键块滑落失稳与转角及断裂度的关系，如图 6-17 所示，图中实线表示按照基于松散层拱的关键块稳定性计算值，虚线表示按照传统均布载荷计算值。

（1）图 6-17（a）为 Q_A/N 与断裂度 i 及关键块 I 的转角 θ 的关系，与传统计算方法计算的摩擦力发展规律相同，关键块断裂度相同时，随着转角的增大，Q_A/N 呈线性减小，当关键块的转角相同时，随着断裂度的增大，Q_A/N 越大；但不同的是，松散层拱影响下的 Q_A/N 明显小于传统方法。

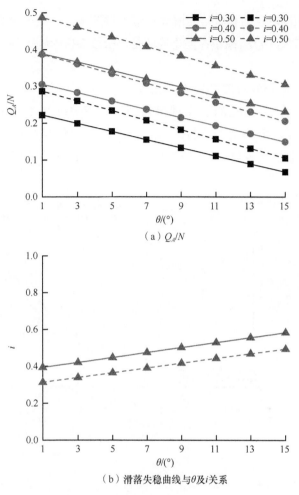

（a）Q_A/N

（b）滑落失稳曲线与 θ 及 i 关系

图 6-17　关键块滑落失稳变化规律

（2）图 6-17（b）为关键块不发生滑落失稳与转角及断裂度的临界关系，与传统计算方法计算结果的发展规律相同，要使关键块不发生滑落失稳则关键块断裂度随着转角的增大线性增大；但是基于松散层拱的关键块稳定性计算结果明显大于传统方法，这就表明松散层拱影响下的关键块更不易于发生滑落失稳。

根据关键块不发生回转变形失稳的条件[式（6-40）]，根据上述计算结果得出关键块单轴抗压强度和关键块Ⅰ承受的载荷的比值及关键块变形失稳与转角及断裂度的关系，如图 6-18 所示，图中实线表示按照基于松散层拱的关键块稳定性计算值，虚线表示按照传统均布载荷计算值。

（1）图 6-18（a）为关键块单轴抗压强度和关键块Ⅰ承受的载荷的比值 σ_c/P_1 与断裂度 i 及关键块Ⅰ转角 θ 的关系，与传统计算方法计算的摩擦力发展规律相同，关键块断裂度相同时，随着转角的增大，σ_c/P_1逐渐增大，当关键块的转角相同时，随着断裂度的增大，σ_c/P_1减小；但不同的是，松散层拱影响下的 σ_c/P_1明显大于传统方法。

（2）图 6-18（b）为关键块不发生变形失稳与转角及断裂度的临界关系，与传统计算方法计算结果的发展规律相同，要使关键块不发生变形失稳则关键块断裂度随着转角的增大线性增大；但是基于松散层拱的关键块稳定性计算结果明显大于传统方法，这就表明松散层拱影响下的关键块更不易于发生变形失稳。

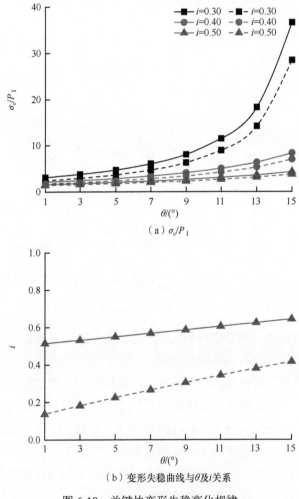

（a）σ_c/P_1

（b）变形失稳曲线与θ及i关系

图 6-18　关键块变形失稳变化规律

6.5.3　厚松散层矿区工作面支架工作阻力确定

1. 厚松散层矿区工作面"支架—围岩"力学模型

为了确定松散层拱条件下工作面支架工作阻力，根据关键块稳定性力学模型，建立如图 6-19 所示的"支架—围岩"力学模型。关键块载荷 $q_x[\,q_x=\int_0^{2l}(ex^2+fx)\mathrm{d}x\,]$ 为松散层拱以下垮落的松散层重量。图中 Q_B、Q_C、Q_D 分别为关键块 B、C 和支架以上关键块 D 以下部分顶板质量。l_{KS}、l_k 分别为关键块长度和支架控顶区长度。h_{KS}、h_k 分别为关键块厚度和支架控顶区上覆顶板厚度。W_C 为关键块 C 的下沉量。R_B、R_C 分别为关键块 B、C 在接触 I、III点处的竖直摩擦力。T_B、T_C 为关键块 B、C 在接触点 I、III处的水平推力。P 为工作面支架工作阻力。其他变量如图 6-19 所示。

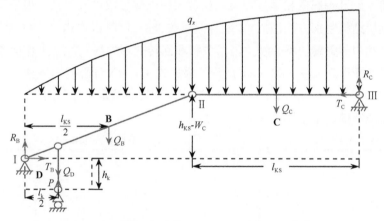

图 6-19　松散层拱条件下"支架—围岩"力学模型

将模型整体作为研究对象，分别取力矩平衡和静力平衡，则：

$$\begin{cases} P\cdot\dfrac{l_k}{2}+R_C\cdot 2l_{KS}+T_C\cdot\left(l_{KS}-W_C\right)=\int_0^{2l_{KS}}x\left(ex^2+fx\right)\mathrm{d}x+Q_B\cdot\dfrac{l_{KS}}{2}+Q_C\cdot\dfrac{3l_{KS}}{2}+Q_D\cdot\dfrac{l_k}{2} \\[2mm] Q_B+Q_C+Q_D+\int_0^{2l_{KS}}\left(ex^2+fx\right)\mathrm{d}x=R_B+R_C+P \end{cases}$$

$$(6\text{-}43)$$

根据关键块的稳定性，则 I、II接触点处的 $R_B=T_B\tan\varphi$、$R_C=T_C\tan\varphi$，且 $T_B=T_C$。此外，式（6-43）中 $Q_B=Q_C=\gamma_{KS}h_{KS}l_{KS}$，$Q_D=\gamma_k h_k l_k$（$\gamma_{KS}$、$\gamma_k$ 为关键层容重）。联立以上各式得到松散层拱条件下工作面支架工作阻力计算公式为

$$P=\frac{\left(8el_{KS}^4+4fl_{KS}^3-6Q_Dl_{KS}+3Q_Dl_k\right)\tan\varphi-\left(l_{KS}-W_C\right)\left(8el_{KS}^3+6fl_{KS}^2+6Q_B+3Q_D\right)}{3\left(l_k-2l_{KS}\right)\tan\varphi-3\left(l_{KS}-W_C\right)}$$

$$(6\text{-}44)$$

2. 祁东煤矿 $7_1$30 工作面支架工作阻力确定

1）祁东煤矿 $7_1$30 工作面概况

祁东煤矿 $7_1$30 工作面走向长 1638m，倾向宽度为 88～172m，煤层厚度平均为 3.23m，煤层倾角平均为 12.5°，工作面上覆松散层厚度平均为 351m。根据含水层厚度变化规律，将 $7_1$30 工作面沿着走向划分为两个块段：第 I、II 块段，其工作面分别选用 ZZ4400/17/35 和 ZY6000/18.5/38 型液压支架。 $7_1$30 工作面工程平面图、走向松散层厚度及采前 1、2 钻孔的关键层判别结果如图 2-11、图 6-20 所示。

2） $7_1$30 工作面支架工作阻力确定

第 I 块段采前 1 钻孔中松散层厚度为 345.6m，基岩厚度为 52.62m，将 $7_1$30 工作面基本开采参数代入式（2-17）中得到临界松散层厚度必须大于 133m，显著小于采前 1 钻孔揭露的松散层厚度，松散层中能够形成松散层拱。根据厚松散层矿区关键层结构判别方法，基岩中赋存两层关键层。同时根据式（6-39）、式（6-40），采前 1 钻孔中的关键块不会发生滑落失稳和回转变形失稳。 $7_1$30 工作面第 I 块段采动覆岩破断形态如图 6-21（a）所示。根据式（6-44）计算得出支架的工作阻力为 4211kN，而实际选用 ZZ4400/17/35 型液压支架的额定工作阻力为 4400kN，选用的支架能够满足第 I 块段岩层控制要求。

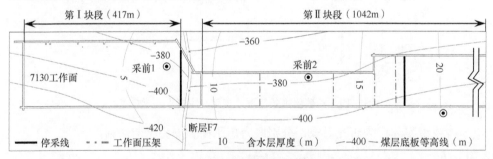

（a） $7_1$30 工作面工程平面图

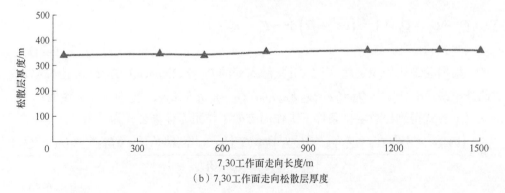

（b） $7_1$30 工作面走向松散层厚度

层号	厚度/m	埋深/m	岩层岩性	关键层位置	硬岩层位置	岩层图例
10	354	354.00	松散层			
9	9.16	363.16	泥岩			
8	5.59	368.75	细砂岩		第2层硬岩层	
7	3.1	371.85	中砂岩			
6	2.26	374.11	泥岩			
5	1.17	375.28	煤层			
4	6.06	381.34	泥岩			
3	10.82	392.16	细砂岩	主关键层	第1层硬岩层	
2	1.5	393.66	中砂岩			
1	1.64	395.30	泥岩			
0	2.9	398.20	7_1煤层			

（c）采前2钻孔关键层判别

图 6-20　祁东煤矿 $7_1$30 工作面概况

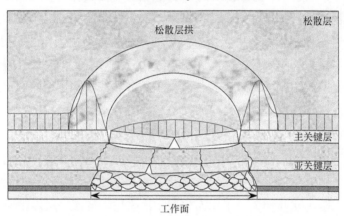

（a）第 I 块段

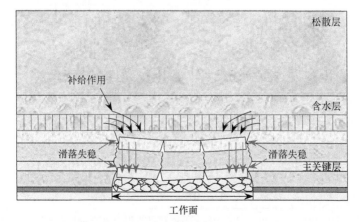

（b）第 II 块段

图 6-21　$7_1$30 工作面采动覆岩破断形态

　　第Ⅱ块段采前 2 钻孔中松散层厚度为 354m，比第Ⅰ块段采前 1 钻孔揭露的松散层厚度更大，第Ⅱ块段工作面宽度由第Ⅰ块段的 172m 减小至 88m。将第Ⅱ块段工作面开采参数代入松散层拱的形成条件说明[式（2-17）]中，得到松散层拱形成临界松散层厚度为 85m，显著小于采前 2 钻孔揭露的松散层厚度，说明松散层中能够形成松散层拱。根据厚松散层矿区关键层结构判别方法，基岩中赋存 1 层关键层。但是根据含水层载荷传递作用机理的模拟实验结果[139]，工作面回采过程中含水层将上覆松散层的载荷以近似均布载荷的方式施加到基岩顶界面而不随工作面的回采明显降低，从而导致工作面第Ⅱ块段松散层中虽然形成了松散层拱，但是受含水层影响，松散层拱对下伏岩层没有起到卸压作用。这种赋存含水层的条件可以认为是传统的将上覆松散层载荷视为均布载荷处理的结构模型。采前 2 钻孔只含有 1 层关键层，同样将 7_130 工作面第Ⅱ块段具体参数代入传统均布载荷时关键块的稳定性判别条件式中，得出采前 2 钻孔中的关键层将发生滑落失稳，致使整个基岩厚度和松散承压含水层传递的载荷将全部由工作面支架承载，7_130 工作面第Ⅰ块段采动覆岩破断形态如图 6-21（b）所示。此时，计算得出的工作面支架最大工作阻力达到 10234kN，显著大于第Ⅱ块段实际选用的额定工作阻力，说明第Ⅱ块段工作面回采时会有压架的危险。

　　3）7_130 工作面矿压规律

　　图 6-22 为 7_130 工作面第Ⅰ块段 13#、53#和 103#支架末阻力分布曲线。2008年 9 月 15 日工作面回采至 25m 时，工作面顶板活动明显加剧，煤壁出现局部片帮，工作面支架末阻力明显增大，工作面出现初次来压，初次来压步距为 25m。工作面初次来压时各支架末阻力分布如图 6-23（a）所示，支架末阻力呈现出中部压力

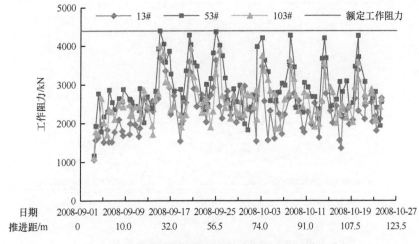

图 6-22　7_130 工作面第Ⅰ块段工作面支架工作阻力

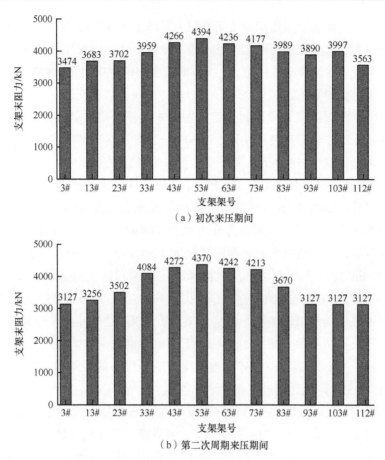

（a）初次来压期间

（b）第二次周期来压期间

图 6-23　工作面第 I 块段来压时支架末阻力统计

较大而两端相对较小现象，初次来压时整个工作面支架末阻力平均为 3909kN，是额定工作阻力的 88.8%。以 13#、53# 和 103# 支架为例：13# 支架初次来压前支架末阻力平均为 2425kN，初次来压时支架末阻力为 3683kN，是额定工作阻力的 83.7%；53# 支架初次来压前支架末阻力平均为 2857kN，初次来压时支架末阻力为 4394kN，是额定工作阻力的 99.9%；103# 支架初次来压前支架末阻力平均为 2701kN，初次来压时支架末阻力为 3997kN，是额定工作阻力的 90.8%。

工作面初次来压后在支架工作阻力监测范围内累计产生了 6 次周期来压，周期来压步距最小为 11m，最大为 17.5m，平均为 14.9m，周期来压时支架末阻力为 3377~4374kN，是额定工作阻力的 76.8%~99.4%，平均为 3832kN。以第 2 次周期来压时支架末阻力分布特征为例[图 6-23（b）]，支架末阻力呈现出中部压力较大而两端压力相对较小现象，第 2 次周期来压时整个工作面支架末阻力平均为 3676kN，是额定工作阻力的 83.4%。

因此，工作面初次来压期间支架末阻力是额定工作阻力的 79%～99.9%，周期来压期间支架末阻力是额定工作阻力的 76.8%～99.4%，来压时工作面支架末阻力普遍小于或者接近额定工作阻力，工作面第 I 块段选用的 ZZ4400/17/35 型液压支架能够满足支护要求。

工作面在回采第 II 块段期间先后发生了 4 次压架事故[图 6-20（a）]：2009年 5 月 3 日，工作面距离跳压切眼 150m 时，工作面支架出现剧烈来压，局部区域支架末阻力达到了 5469kN，其中工作面 1#～23#支架活柱明显下缩，最大活柱下缩量为 400mm，其中部分支架出现压死、活柱无行程现象，工作面来压时片帮漏顶严重。2009 年 6 月 7 日，工作面距离跳压切眼 343m 时，工作面再一次大面积来压，来压时支架末阻力普遍大于 5790kN，其中工作面 1#～30#支架活柱明显下缩，工作面来压时片帮漏顶严重。2009 年 6 月 29 日，工作面距离跳压切眼 450m 时，工作面再一次大面积来压，来压时支架末阻力最大值达到6756kN，明显超过了支架的额定工作阻力，其中工作面 50#～55#支架活柱明显下缩，顶板岩层出现滑落失稳，部分支架严重压死（图 6-24）。2009 年 8 月 29日工作面回采至距离跳压切眼 506.9m，工作面周期来压时 15#～33#支架压力显现明显，15#～45#支架顶板破碎出现漏顶。随着压力的持续增大，支架最大末阻力达到 7238kN，远远超过了其额定工作阻力。由于工作面来压剧烈，活柱下缩量明显增大，22#～26#支架活柱行程仅为 100mm，33#支架活柱急剧下缩并将采煤机后滚筒压住，15#～33#支架活柱下缩后前方采煤机无法通过，27#、28#支架活柱无行程而完全压死。由于压架灾害越发严重，最终工作面停采撤面。

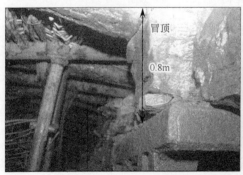

图 6-24　工作面第 II 块段压架照片

第7章 松散层拱结构对采动覆岩和地表移动变形的影响

7.1 松散层拱结构对采动覆岩运动的影响

7.1.1 采场上覆岩层移动变形规律实验研究

为了分析松散层拱影响下采场上覆岩层移动变形规律，采用第 4 章物理模拟实验监测的位移数据进行分析，工作面回采过程中上覆岩层呈现如图 7-1 所示的移动规律。根据岩层控制的关键层理论，关键层对其上覆岩层发挥控制作用，随着

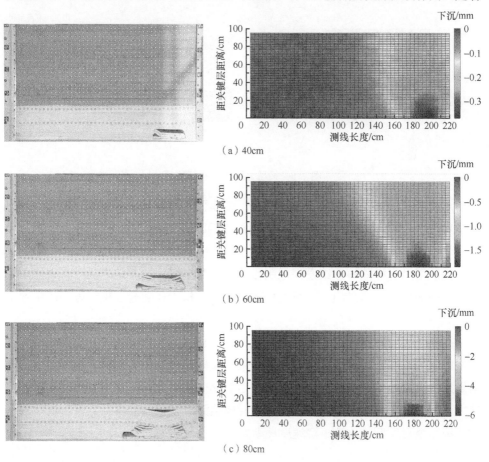

（a）40cm

（b）60cm

（c）80cm

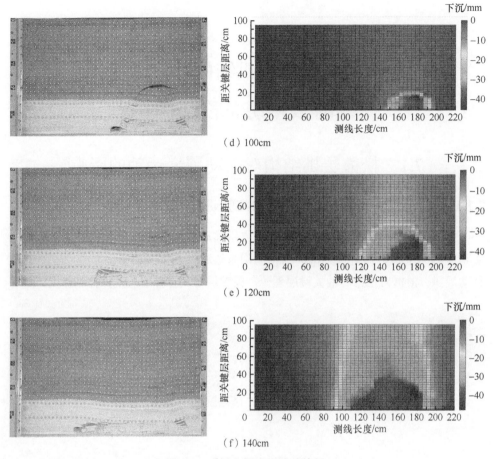

图 7-1　采场上覆岩层移动特征

关键层的破断，其上覆基岩层同步下沉。工作面继续回采，关键层 2 破断之前，关键层 2 控制着上覆岩层的下沉，关键层 2 和上覆松散层下沉值较小，如图 7-1（a）～（c）所示。关键层 2 破断后，当关键层 2 之上的松散层中形成松散层拱时，松散层拱同样能够继续发挥控制作用，此时上覆岩层及地表的下沉规律与松散层拱的演化特征息息相关，每次松散层拱的失稳均伴随着上覆松散层的急速下沉，如图 7-1（d）～（f）所示。

图 7-2 为物理模拟中地表、关键层和松散层拱下沉速度随采宽的变化曲线。工作面回采过程中，地表下沉速度随着采动覆岩承载结构（关键层和松散层拱）的周期性承载和破断呈现周期性变化。当采动覆岩承载结构发生破断时，其下沉速度达到最大值，此时地表的下沉速度同样达到最大值，当采场上覆岩层中的承载结构完全消失后，地表下沉速度逐渐减小。

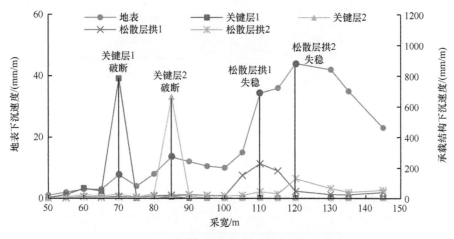

图 7-2 采动覆岩承载结构与地表下沉规律

当采宽小于 70m 时,地表下沉速度随着采宽的增大而逐渐增大;当采宽为 70m 时,关键层 1 发生初次破断,其下沉速度达到最大值 782.72mm/m,此时地表下沉速度同样达到当前的最大值为 7.66mm/m;随着工作面继续推进,当采宽分别为 85m、110m 和 120m 时,关键层 2、松散层拱 1 和松散层拱 2 先后发生破断失稳,此时地表下沉速度周期性达到最大值,分别为 13.5mm/m、34.39mm/m 和 44.05mm/m;当采宽大于 120m 时,采场上覆岩层中的承载结构完全消失,地表下沉速度逐渐减小。

需要说明的是,松散层拱对采场上覆岩层运动的影响规律的适用条件为:首先,根据地质和开采条件确定基岩中赋存关键层且松散层中能够形成松散层拱;其次,根据临界松散层厚度公式计算出临界工作面采宽;最后,当松散层厚度相对较小且单工作面宽度大于临界采宽时,该规律仅适用于首采工作面的初采期,即自开切眼至工作面累计推进长度小于临界采宽期间。当松散层厚度较大,临界采宽大于单工作面宽度时,该规律不仅适用于首采工作面还适用于多个工作面。

7.1.2 采场上覆岩层移动变形规律实测研究

选取兖州鲍店煤矿 1312 工作面厚松散层下煤炭开采引起的地表移动规律实测结果来验证松散层拱对采场覆岩运动的影响。鲍店煤矿 1312 工作面走向长为 845m,倾向宽为 245m,煤层厚度平均为 8.79m,倾角平均为 8°,埋深为 298.5～399.5m,上覆松散层厚度为 205.8～217.3m,工作面钻孔柱状图如图 7-3 所示。

层号	厚度/m	埋深/m	岩层岩性	关键层位置	岩层图例
30	209	209.00	松散层		
29	7.07	216.07	细砂岩		
28	0.27	216.34	砾岩		
27	2.06	218.40	粗砂岩		
26	7.29	225.69	泥岩		
25	2.10	227.79	砂质泥岩		
24	2.35	230.14	中砂岩		
23	1.96	232.10	砂质泥岩		
22	10.44	242.54	中砂岩	关键层3	
21	3.93	246.47	砂质泥岩		
20	0.96	247.43	细砂岩		
19	2.79	250.22	砂泥岩互层		
18	7.50	257.72	中砂岩		
17	8.13	265.65	砂质泥岩		
16	4.81	270.66	中砂岩		
15	3.39	274.65	细砂岩		
14	4.98	279.03	砂质泥岩		
13	4.45	283.48	细砂岩		
12	1.21	284.69	砂质泥岩		
11	2.55	287.24	细砂岩		
10	0.94	288.18	砂质泥岩		
9	2.30	290.48	细砂岩		
8	10.37	300.85	中砂岩	关键层2	
7	2.18	303.03	粗砂岩		
6	7.42	310.45	中砂岩		
5	1.30	311.75	砂质泥岩		
4	1.21	312.96	中砂岩		
3	11.95	324.91	粉砂岩	关键层1	
2	3.85	328.76	中砂岩		
1	6.69	335.45	细砂岩		
0	8.79	344.24	煤层		

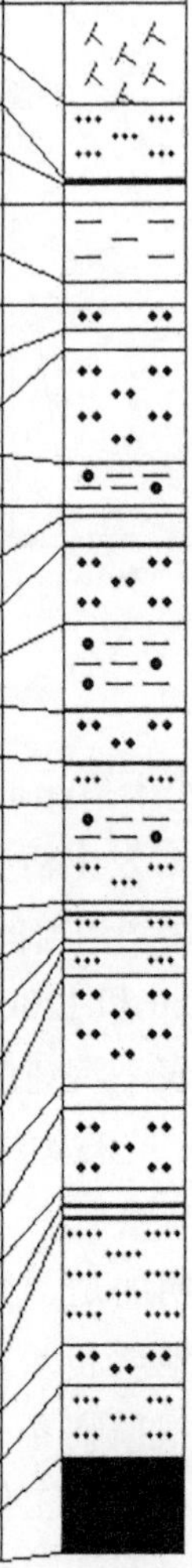

图 7-3 鲍店煤矿 1312 工作面钻孔柱状图

鲍店煤矿各项参数如下[108]：侧压系数 λ 为 0.32、松散层容重 γ 为 18.3～21.3kN/m³、黏聚力 C 为 69.6～181.2kPa、内摩擦角 φ 为 2.7°～12.4°、基岩破断角 α 为 75°。将上述参数代入式（2-17）中，当关键层 3 的极限跨距达到 61m 时，关键层 3 初次破断，理论计算得到临界松散层厚度为 99.6m，小于工作面钻孔揭露的松散层厚度，松散层中能够形成松散层拱；当关键层 3 进入周期破断且工作面推过测点 117.3m 时，临界松散层厚度为 225.6m，大于工作面钻孔揭露的松散层厚度，此时 1312 工作面上覆松散层中不能形成松散层拱。

图 7-4 为 1312 工作面回采过程中地表下沉值及下沉速度随采动覆岩承载结构

周期性演化的变化规律。地表下沉监测点位于工作面走向中部，工作面回采过程中先后进行了 18 次观测，观测到的地表下沉值最大值为 7781mm，地表下沉速度最大值为 375mm/d。

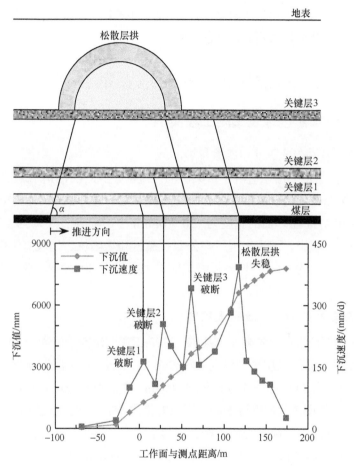

图 7-4　1312 工作面地表下沉规律与岩层移动的关系

工作面回采过程中关键层运动对地表下沉的影响规律已在多篇文献[135, 136]中进行了详细的研究，研究成果均得到了实验室模拟和现场原位测试数据的验证，因此不再赘述。然而，上述文献均不考虑松散层拱的影响，根据补连塔煤矿 31401 工作面钻孔柱状，松散层厚度仅为 5.5m，而工作面宽度达到 265.25m，此时松散层中不能形成松散层拱，所以研究时不需要考虑松散层拱的影响。

鲍店煤矿 1312 工作面在关键层 3 初次破断时能够形成松散层拱，地表由松散层拱继续控制，地表下沉速度在关键层 3 初次破断时达到最大值后开始减小；当关键层 3 进入周期破断且工作面推过测点 117.3m 时，松散层中不能形成松散层拱，原先形成的松散层拱失稳，地表下沉速度在此刻达到最大值 375mm/d，且大于前几次承载结构破断时地表下沉速度的最大值（162mm/d、254mm/d 和 340mm/d）；随着工作面继续推进，工作面上覆地层中不再出现采动覆岩承载结构，地表下沉速度逐渐减小，地表下沉进入衰退期。现场实测结果与实验室相似物理模拟结果一致，验证了松散层拱对覆岩运动的影响。

7.2　松散层拱结构对地表塌陷的影响

7.2.1　厚松散层矿区地表塌陷工程实例

1）山东某矿 3A04 工作面地表塌陷

3A04 工作面位于山东省济宁市某矿的北采区，3A04 工作面煤层埋深 258～324m，煤层倾角平均为 5°，工作面上覆松散层厚度平均为 220m。北采区的 3A04、3107、3109 和 3111 工作面的宽度为 120～140m，工作面采高平均为 4.98m。北采区工作面回采过程中，地表出现了多处张拉裂缝和塌陷坑。地表监测数据表明，地裂缝的宽度最大为 3.0m，地表塌陷坑的最大面积为 20000m²，深度为 4.88m，塌陷坑的深度几乎与工作面采高相等，如图 7-5 所示。

2）山西某矿 9308 工作面地表塌陷

9308 工作面位于山西省朔州市某矿，9308 工作面走向长度为 555m，倾斜长度为 120m。主采 9#煤，煤层平均厚度为 9.87m。工作面平均采深为 162m，地表为黄土覆盖层，厚度为 83.95～98.75m，平均为 88m，基岩厚度平均为 55m。2011 年 12 月 29 日，当工作面进风巷推进 56m、回风巷推进 65m、平均推进 60.5m 时，9308 综放面回采引起地表塌陷并形成了椭圆形塌陷深坑，塌陷坑长轴为 83m，短轴为 46m，最大深度为 9.5m，塌陷坑的深度几乎与工作面采高相等，如图 7-6 所示。

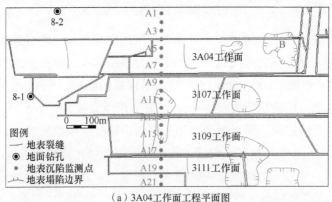

（a）3A04工作面工程平面图

层号	厚度/m	埋深/m	岩层岩性	关键层位置	岩层图例
18	209	209.00	松散层		
17	4	213.00	粉砂岩		
16	4.2	217.20	细砂岩		
15	13.5	230.70	泥岩		
14	3.9	234.60	粉砂岩		
13	5.6	240.20	泥岩		
12	3.9	244.10	细砂岩		
11	4	248.10	泥岩		
10	2.2	250.30	粉砂岩		
9	0.61	250.91	煤层		
8	0.75	251.66	泥岩		
7	0.72	252.38	煤层		
6	7.82	260.20	粉砂岩		
5	2	262.20	泥岩		
4	8.1	270.30	细砂岩		
3	8.7	279.00	粉砂岩		
2	11.59	290.59	细砂岩	主关键层	
1	3.7	294.29	粉砂岩		
0	5.1	299.39	煤层		

（b）8-2钻孔柱状图

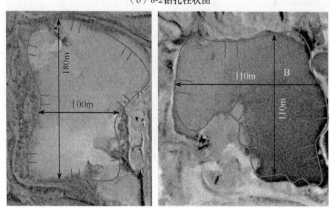

（c）地表塌陷形态特征

图 7-5　山东某矿 3A04 工作面概况

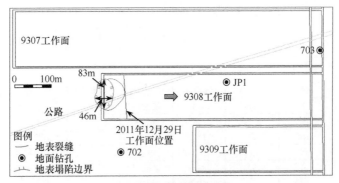

（a）9308工作面工程平面图

层号	厚度/m	埋深/m	岩层岩性	关键层位置	岩层图例
14	83.95	83.95	松散层		
13	4.5	88.45	粗砂岩		
12	4.6	93.05	泥岩		
11	4.35	97.40	粗砂岩		
10	4.55	101.35	泥岩		
9	10.3	112.25	中砂岩	主关键层	
8	3.6	115.85	泥岩		
7	2.4	118.25	砂质泥岩		
6	1.6	119.85	泥岩		
5	0.8	120.65	砂质泥岩		
4	5.25	125.90	中砂岩	亚关键层	
3	5.1	131.00	砂质泥岩		
2	0.75	131.75	煤层		
1	2.2	133.95	砂质泥岩		
0	16.39	150.34	煤层		

（d）702钻孔柱状图

（c）地表塌陷形态特征

图7-6　山西某矿9308工作面概况

7.2.2　松散层拱结构对地表塌陷的影响机理

采场上覆岩层运动及地表沉陷规律与关键层和松散层拱的稳定性息息相关，而关键层破断后会形成砌体梁，此时，砌体梁和松散层拱的稳定性会影响岩层运动及地表沉陷。因此，岩层运动及地表沉陷将会受到砌体梁和松散层拱影响。根据第 2 章和第 3 章研究内容可以确定松散层拱的形成条件和承载性能及稳定性，而砌体梁的稳定主要与工作面采高、直接顶厚度、冒落矸石碎胀系数及砌体梁上覆载荷相关。根据钱鸣高院士[142]的研究，若工作面回采后关键层与垮落直接顶间的距离为Δ，砌体梁保持自身稳定时的临界回转量为Δ_T，当$\Delta > \Delta_T$，关键层破断的砌体梁将不能保持自身的稳定而将会出现滑落失稳。根据砌体梁理论，Δ和Δ_T可以通过式（7-1）确定[147]：

$$\begin{cases} \Delta = M + \left(1 - K_{\mathrm{P}}\right) \sum h_i \\ \Delta_T = h_{\mathrm{KS}} - \sqrt{\dfrac{2 q_{\mathrm{KS}} l_{\mathrm{KS}}^2}{\sigma_{\mathrm{c}}}} \end{cases} \tag{7-1}$$

式中，M为工作面采高；K_{P}为直接顶的碎胀系数；$\sum h_i$为直接顶岩层的垮落高度；h_{KS}、q_{KS}、l_{KS}分别为关键层的厚度、载荷和破断距；σ_{c}为关键层的单轴抗压强度。

　　根据松散层拱和砌体梁的稳定性分析，松散层拱的稳定性主要由工作面宽度决定，砌体梁的稳定性主要由工作面采高决定。当采场上覆岩层中的砌体梁发生滑落失稳且松散层中不能形成松散层拱时，地表会发生塌陷，厚松散层矿区地表塌陷示意图如图 7-7 所示。

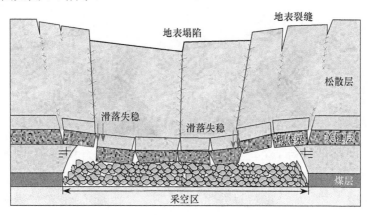

图 7-7　厚松散层矿区地表塌陷示意图

　　在 3A04 和 9308 工作面采矿地质条件下，根据松散层拱形成条件式[式（2-17）]及砌体梁稳定性条件式[式（7-1）]，计算得到工作面采宽和采高对松散层拱和砌体梁稳定性影响规律如图 7-8 所示。

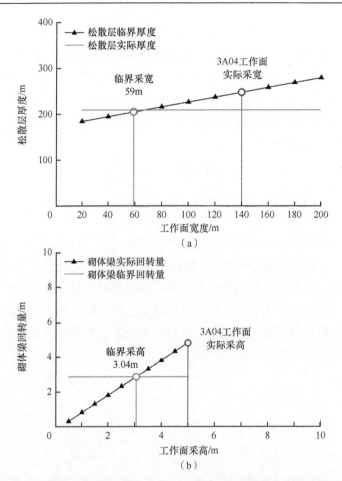

图 7-8　3A04 工作面采宽和采高对松散层拱和砌体梁稳定性的影响

如图 7-8 所示,针对 3A04 工作面,当工作面实际采宽为 140m 时,根据式(2-17)计算得到形成松散层拱的临界松散层厚度为 248m。根据工作面 8-2 钻孔柱状图[图 7-5(b)],工作面上覆松散层厚度为 209m,工作面上覆松散层厚度要小于形成松散层拱的临界松散层厚度,3A04 工作面上覆松散层中无法形成松散层拱;而当松散层厚度为 209m 时,根据松散层拱的形成条件,工作面的临界采宽为 59m,小于 3A04 工作面的实际采宽。当工作面采高为 4.98m 时,根据式(7-1)计算得到工作面上覆砌体梁与垮落的直接顶间的距离为 4.8m,实际上能保证砌体梁结构稳定的临界回转量仅为 2.85m,这样一来 3A04 工作面上覆砌体梁难以保证稳定性将会出现滑落失稳;而为了保证砌体梁结构的稳定性,工作面的临界采高为 3.04m,小于 3A04 工作面的实际采高。

如图 7-9 所示,针对 9308 工作面,当工作面实际采宽为 120m 时,根据 702

钻孔柱状图[图 7-6（b）]，其上覆松散层厚度为 83.95m，而根据式（2-17）计算得到形成松散层拱的临界松散层厚度为 142m，实际赋存的松散层厚度明显小于临界松散层厚度，9308 工作面上覆松散层中无法形成松散层拱；而当松散层厚度为 83.95m 时，根据松散层拱的形成条件，工作面的临界采宽为 52m，小于 9308 工作面的实际采宽。当工作面采高为 10m 时，根据式（7-1）计算得到工作面上覆砌体梁与垮落的直接顶间的距离为 8.9m，实际上能保证砌体梁结构稳定的临界回转量仅为 3.8m，这样一来 9308 工作面上覆砌体梁难以保证稳定性将会出现滑落失稳；而为了保证砌体梁结构的稳定性，工作面临界采高为 4.84m，小于 9308 工作面的实际采高。

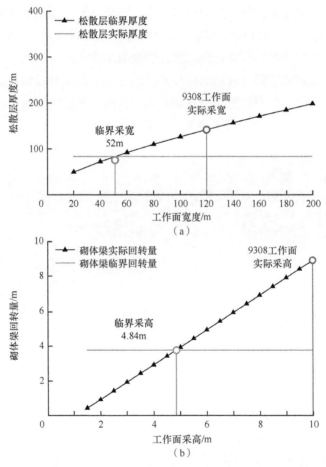

图 7-9　9308 工作面采宽和采高对松散层拱和砌体梁稳定性的影响

因此，3A04 工作面和 9308 工作面上覆松散层拱不能形成，同时关键层破断后的砌体梁发生滑落失稳，工作面采动覆岩承载结构不能对上覆岩层及地表发挥稳定承载和控制作用，最终导致地表产生大面积塌陷而形成塌陷坑。

7.3 厚松散层矿区岩层移动等值加载原则

7.3.1 松散层厚度对覆岩破断的影响

设计两组对比实验来研究松散层拱对关键层破断规律的影响，模型 A 为松散层拱影响下的主关键层破断特征实验模型（图 4-5），模型 B 为传统的将松散层视为均布载荷的实验模型（图 7-10）。模型 B 中将松散层载荷视为均布载荷并用直接加载的方式代替，而其他部分岩层的厚度及相似材料配比与模型 A 相同。均布加载应力调节系统主要由伺服压力调节系统、加压气缸、移动活塞和实验模型四部分组成。在整个实验过程中，伺服压力调节系统能够将作用载荷始终保持稳定，具有欠压自动补载功能，同时移动活塞能够随着工作面回采引起岩层下沉从而发生同步移动，这样就能够使移动活塞与关键层 2 顶界面始终保持接触状态。根据松散层厚度和密度，计算松散层自重载荷为 13kPa，按照伺服压力调节系统换算公式，模型 B 中伺服压力调节系统输出压力为 46kPa。

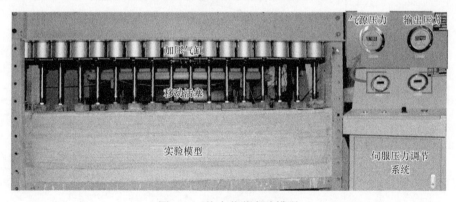

图 7-10 均布载荷实验模型

模型 A 和模型 B 中工作面回采过程中上覆关键层初次和周期性破断特征如图 7-11 所示。

（1）图 7-11（a）为关键层 2 上部赋存松散层时，当工作面回采长度为 85cm 时，关键层 2 发生初次破断，关键层 2 初次破断距为 60cm。此后随着工作面继续回采，在松散层拱影响下，关键层 2 相继出现了 3 次周期破断，周期破断距分别为 24cm、23cm 和 25cm，平均值为 24cm。

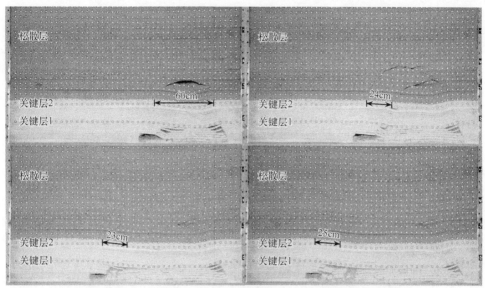

（a）模型A

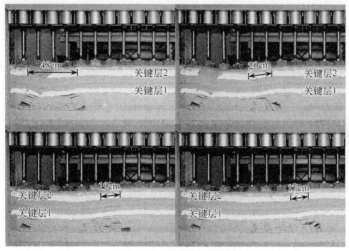

（b）模型B

图 7-11　模型 A 和模型 B 实验结果

（2）图 7-11（b）为关键层 2 上部载荷按照均布载荷简化，当工作面推进长度为 65cm 时，关键层 2 发生初次破断，关键层 2 初次破断距为 48cm。在随后的工作面回采过程中，关键层 2 同样相继出现了 3 次周期破断，周期破断距分别为 20cm、19cm 和 17cm，平均值为 19cm。

（3）与传统的将上覆松散层视为均布载荷相比，松散层拱影响下的关键层 2 初次破断距由 48cm 增大至 60cm，增大了 25%；关键层 2 的周期破断距平均值由

19cm 增大至 24cm，增大了 26%。

关键层的破断距主要取决于 3 个因素，即关键层的厚度、关键层的岩石力学性质（如弹性模量、抗拉强度等）和关键层载荷大小。在物理模拟实验中，模型 A 和模型 B 的关键层厚度及力学性质是相同的，两个实验中关键层 2 破断距相差较大的原因在于模型 A 和 B 中关键层 2 所受载荷不同。

图 5-4 为模型 A 中关键层 2 破断之前其上覆载荷在工作面回采过程中的变化规律。由于松散层拱的载荷传递作用，关键层 2 上的载荷分布不均匀，关键层 2 上覆载荷划分为 3 个区域，分别为应力升高区、应力降低区和原岩应力区。关键层 2 的载荷在采空区中部处于应力降低区，载荷低于上覆松散层重力；而在采空区两侧一定范围内，关键层 2 的载荷大于上覆松散层重力，处于应力升高区。随着工作面逐步回采，关键层 2 上覆载荷动态变化，在采空区上方逐渐降低而在两侧应力集中程度逐渐增加。而模型 B 中，工作面回采过程中，关键层 2 上覆载荷不会随着工作面的回采而降低，始终为均布载荷，关键层 2 承担了上覆松散层的全部载荷，这显然与实际情况不符，从而导致了物理模拟中关键层 2 破断距偏小。

7.3.2　岩层移动模拟研究中的等值加载

物理模拟和数值模拟为认清采场上覆岩层移动规律提供了重要的研究手段。由于数值模拟更加方便和快捷，数值模拟方法逐步变得更加受欢迎，但是数值模拟在研究岩层破断特征和大尺寸模型尤其是涉及松散层模拟等问题时难以得到满意的结果。相反，物理模拟能够将工作面回采后上覆岩层移动、变形、破坏和垮落、地表沉陷等一系列完整的采动现象更直观地呈现给实验者。在岩土工程和采矿工程中，物理模拟还能够准确模拟研究采动引起的一些复杂问题。

现有的物理模拟实验研究的焦点主要集中于相似材料和实验监测方法，很少关注岩层厚度对实验结果的影响，尤其是在大比例模型实验时，当岩层厚度较大时，模型往往只铺设到需要考察和研究的岩层范围为止，其上部岩层不再铺设，而以均布载荷形式加载到模型上边界，所加载荷大小等于未铺设岩层重力。尤其是遇到松散层时，则均是将其简化为均布载荷作用于基岩，忽略了松散层拱引起岩层载荷分布特征的改变。

在进行大比例模型的物理模拟实验时，首先应该确定什么条件下松散层可以简化为均布载荷，而什么条件下松散层不能简化为均布载荷？同时，当松散层载荷不能简化为均布载荷而实验中却简化为均布载荷时会对关键层破断产生什么影响？此外，受现场工程概况和实验条件的限制，物理模拟实验中并不能将松散层全部铺设，如皖北祁东煤矿厚松散层条件，此时设计物理模拟实验时既需要将松散层简化为均布载荷，又不能因为简化为均布载荷而影响下部岩层的破断规律。

当松散层厚度大于式（2-17）的临界厚度时，松散层中能形成松散层拱，松散层拱引起了关键层 2 上覆载荷的动态变化与非均匀分布，因此，在岩层移动的模拟研究中，当松散层中能够形成松散层拱时，不能将其简化为均布载荷，否则将会导致下部岩层载荷分布的改变和破断距模拟结果失真。当不能形成松散层拱时，则可将松散层简化为均布载荷。

在实际的物理模拟过程中，当遇到大埋深厚松散层条件时，如祁东煤矿 7_1 煤层埋深平均为 460m，其中松散层厚度平均为 363m，在进行岩层移动的大比例物理模拟和数值模拟时，虽然松散层因能形成松散层拱而不能简化为均布载荷，但是受实验条件的限制，模拟实验中并不能将松散层全部铺设。此时，在模拟实验时既需要将上覆松散层简化为均布载荷，又不能因为简化为均布载荷而影响下部岩层的破断规律，这就需要计算上覆松散层的等效载荷。等效载荷等于上覆松散层载荷乘以载荷折减系数，松散层载荷折减系数的确定方法见 5.3 节。

7.4　松散层拱结构在地表沉陷控制中的应用

7.4.1　厚松散层矿区地表塌陷防治技术

地表塌陷受控于岩层控制的松散层拱和关键层，为了解决厚松散层条件下高强度开采导致的地表塌陷问题，设计了基于采动覆岩承载结构的条带充填开采方法。基于采动覆岩结构的条带充填开采方法的基本原理是：通过设计合理的工作面宽度来保证松散层拱的稳定性；通过设计合理的工作面采高/充填率来保证砌体梁的稳定性；通过设计合理的煤柱宽度保证煤柱的稳定性。条带充填开采方法的适用条件为：采场上覆松散层的厚度满足松散层拱的形成条件；采场上覆岩层中至少赋存一层典型关键层。条带充填开采方法设计流程如图 7-12 所示。条带充填开采技术工艺流程主要如下。

（1）第 1 步，确定设计工作面区域基本参数。

根据工作面设计，确定工作面开采参数、煤层赋存特征；根据工作面附近区域钻孔柱状图，确定上覆松散层厚度、各岩层厚度；根据岩石力学测试，确定松散层及各岩层基本力学参数；根据工作面附近地应力测试结果，确定地应力分布特征。

（2）第 2 步，进行工作面采动覆岩承载结构判别。

根据松散层拱特征方程，确定松散层拱跨度、矢高和厚度；根据岩层控制的关键层理论，通过 KSPB 关键层判别软件确定工作面上覆关键层位置及层数。

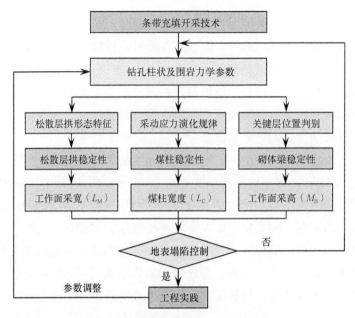

图 7-12　条带充填开采方法设计流程

（3）第 3 步，进行工作面开采关键参数设计。

根据松散层拱形态特征及形成条件，设计工作面采宽；根据工作面采动应力演化规律设计煤柱宽度[148-150]；根据关键层破断后砌体梁的稳定性设计工作面充填开采后的等价采高，进而确定工作面充填率。

（4）第 4 步，进行工作面条带充填开采后地表沉陷预计。

根据设计的工作面开采关键参数，进行地表沉陷预计。当地表沉陷满足工程要求时，开展工程实践；当地表沉陷不满足工程要求时，重新进行工作面开采关键参数设计，直至满足工程要求。

7.4.2　条带充填开采工作面开采参数设计

条带充填开采技术在山东某矿 3A04 工作面相邻的二采区进行实践。二采区煤层埋深平均为 299m，松散层厚度平均为 209m，基岩厚度平均为 85m，煤层厚度平均为 5.1m。根据顶板岩层和松散层力学性质测试及相邻采区地质采矿条件，二采区区域侧压系数为 0.7，基岩破断角为 80°，松散层容重为 20kN/m³，松散层内摩擦角为 4°，松散层黏聚力为 0.09MPa，直接顶碎胀系数为 1.05，关键层容重平均为 25kN/m³，关键层抗拉强度为 14.74MPa，关键层抗压强度为 33.2MPa，关键层厚度为 11.59m，关键层载荷为 1.33MPa，关键层周期破断距为 13.2m，关键层底界面与煤层顶界面间距离为 3.7m，直接顶垮落高度为 9.63m，上覆岩层容重平均为 21.45kN/m³。将上述参数代入式（2-17）和式（7-1），得到工作面采宽为 55m，工作面采高为 3.04m，煤柱宽度为 25m。由于煤层厚度平均为 5.1m，而采高为 3.04m，为了尽可能地回收煤炭资源，工作面充填体压实后的充填率为 60%～65%。二采区布置 3A118、3A120、3A122 三个条带充填开采工作面，工作面布置如图 7-13 所示。

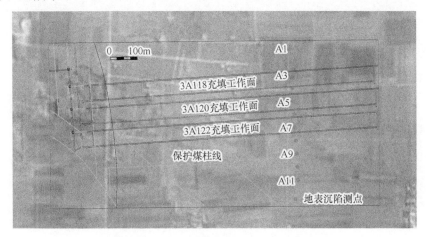

图 7-13　二采区条带充填开采工作面布置

7.4.3　条带充填开采充填材料与工艺系统

1）充填材料

二采区工作面采用膏体充填，充填材料选用粉煤灰、炉渣、水泥和外加剂制成的粉煤灰—炉渣膏体充填材料，料浆浓度为 66.7%，泌水率为 2%，坍落度为 247mm，初期单轴抗压强度为 0.5MPa 左右，28 天单轴抗压强度最大可达约 9MPa，密度为 1.61t/m³。充填开采过程中，根据《普通混凝土拌合物性能试验方法标准》（GB/T 50080—2016），工作面充填时在充填站搅拌池现场取样并制成 70.7mm×70.7mm×70.7mm 的标准充填体试件。制成标准试件后用不透水薄膜覆盖表面防止水分蒸发而保持湿度，且在室温（20±5）℃情况下静置 1～2 天，膏体达到初凝时间并成型后，编号标记并拆模，当试件有严重缺陷时，按废弃处理。试件拆模后立即放入温度为（20±2）℃、相对湿度为 95% 的标准养护箱内养护，养护时将试件置于支架上，且相邻试件间间隔 20mm，试件表面保持潮湿，如图 7-14 所示。

根据《煤矿膏体充填材料试验方法》（NB/T 51070—2017）和《建筑砂浆基本性能试验方法标准》（JGJ/T 70—2009），用万能试验机对膏体充填体标准试件进行单轴压缩实验，采用位移加载控制，加载速度为 0.01mm/s，测量其分别在 3 天、

图 7-14　充填体试件现场配制试样

7 天、28 天的基本力学性质。每种配比试件测试 3 个，共测量 27 组不同配比试件，累计测试试件数量 243 件，充填体强度统计数据如图 7-15 所示。

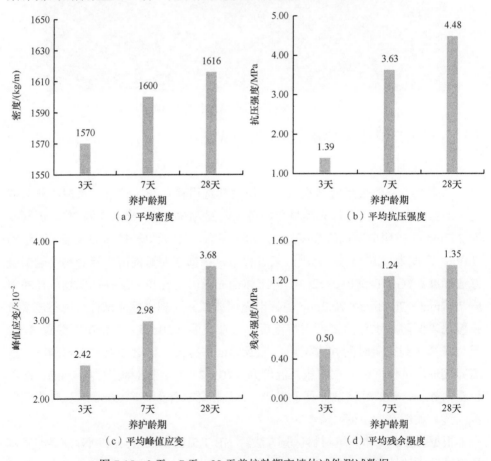

图 7-15　3 天、7 天、28 天养护龄期充填体试件测试数据

如图 7-15 所示，27 组不同配比充填体试件 3 天养护龄期的密度平均为 1570kg/m³，抗压强度平均为 1.39MPa，峰值应变平均为 0.0242，残余强度平均为 0.50MPa。27 组不同配比充填体试件 7 天养护龄期的密度平均为 1600kg/m³，抗压强度平均为 3.63MPa，峰值应变平均为 0.0298，残余强度平均为 1.24MPa。27 组不同配比充填体试件 28 天养护龄期的密度平均为 1616kg/m³，抗压强度平均为 4.48MPa，峰值应变平均为 0.0368，残余强度平均为 1.35MPa。

2）充填工艺

充填工作面地面充填站主要建筑包括炉渣堆棚、炉渣皮带走廊、水泥仓、粉煤灰仓、添加剂仓、搅拌充填车间、配电和控制室、材料实验室。充填站选择在梁家煤矿副井工业广场砂石材料场南侧空地，所有充填材料采用封闭储存方式，充填工艺流程如图 7-16 所示。

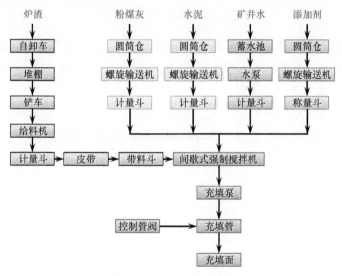

图 7-16　充填工艺流程

3）充填系统

工作面充填系统主要由成品炉渣上料计量系统、粉料（粉煤灰/水泥/添加剂）输送计量系统、气路系统、水供给计量系统、膏体制备系统、膏体泵送系统、充填管路系统、胶凝材料制备系统、外加剂制备系统、中央控制系统等 10 部分组成。

7.4.4　条带充填开采工作面地表沉陷监测

为了监测工作面充填开采后的地表沉陷特征，沿 3A118、3A120、3A122 倾向布置一条地表沉陷监测线，其中 3A118 工作面共布置监测点 11 个，每个监测点间距离为 100m。工作面开采结束且覆岩移动稳定后，地表沉陷如图 7-17 所示。

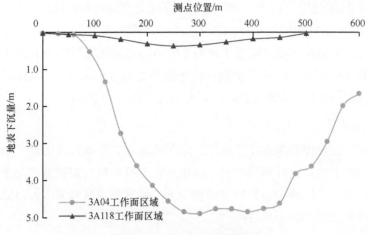

图 7-17　地表沉陷监测数据

当 3A04 工作面未采用条带充填开采技术，3A04、3107、3109、3111 工作面开采后，地表出现了多个大面积塌陷坑，现场监测的地表下沉量最大值为 4.888m。当二采区采用条带充填开采后，3A118、3A120、3A122 工作面开采后，现场监测的地表下沉量最大值为 0.369m。与未充填开采相比，地表下沉值减少了 92%，且地表未出现大范围塌陷，取得了良好的经济、社会和生态效益。

参 考 文 献

[1] 钱鸣高, 许家林. 煤炭开采与岩层运动[J]. 煤炭学报, 2019, 44(4): 973-984.

[2] 钱鸣高. 岩层控制与煤炭科学开采文集[M]. 徐州: 中国矿业大学出版社, 2011.

[3] 钱鸣高, 许家林, 缪协兴. 煤矿绿色开采技术[J]. 中国矿业大学学报, 2003, 32(4): 343-348.

[4] 许家林. 煤炭绿色开采[M]. 徐州: 中国矿业大学出版社, 2011.

[5] 许家林. 岩层采动裂隙演化规律与应用[M]. 徐州: 中国矿业大学出版社, 2016.

[6] Apehc B A. Rock and Ground Surface Movements[M]. Beijing: Coal Industry Press, 1989.

[7] Kratzsch H. Mining Subsidence Engineering[M]. Berlin: Springer-Verlag, 1983.

[8] 钱鸣高, 石平五, 许家林. 矿山压力与岩层控制[M]. 徐州: 中国矿业大学出版社, 2010.

[9] 钱鸣高. 采场上覆岩层的平衡条件[J]. 中国矿业学院学报, 1981, 10(2): 31-40.

[10] 宋振骐. 实用矿山压力控制[M]. 徐州: 中国矿业大学出版社, 1988.

[11] 钱鸣高, 缪协兴, 许家林, 等. 岩层控制中的关键层理论研究[J]. 1996, 21(3): 225-230.

[12] 李德海. 厚松散层下条带开采技术研究[M]. 北京: 中国科学技术出版社, 2006.

[13] 陈希哲, 叶菁. 土力学地基基础[M]. 北京: 清华大学出版社, 2013.

[14] Ritter W J. Die Statik der Tunnelgewölbe[M]. Berlin: Springer-Verlag, 1879.

[15] Engesser F. Über den Erddruck gegen innere Stützwände[J]. Deutsche Bauzeitung, 1882, 16: 91-93.

[16] Fayol H. Note sur les movements de terrain provo que par l'exploitation des mines[J]. Bulletin de la Société de l'Industrie Minérale, 1885, 14(2): 805-818.

[17] Terzaghi K. Theoretical Soil Mechanics[M]. New York: John Wiley & Sons, Inc, 1943.

[18] Handy R L. The arch in soil arching[J]. Journal of Geotechnical Engineering, 1985, 111(3): 302-318.

[19] Protodyakonov M M. Давление горных пород на рудничную крепь[J]. Горный журнал, 1909, 3(8): 220-231.

[20] 贾海莉, 王成华, 李江洪. 关于土拱效应的几个问题[J]. 西南交通大学学报, 2003, 38(4): 398-402.

[21] 黄庆享. 浅埋煤层长壁开采顶板结构理论与支护阻力确定[J]. 矿山压力与顶板管理, 2002, 19(1): 70-72.

[22] Janssen H A. Versuche Über Getreidedruck in Silozellen[J]. Zeitschrift des Vereins deutscher Ingenieure, 1895, 39: 1045-1049.

[23] Edwards S F, Oakeshott R B S. The transmission of stress in an aggregate[J]. Physica D-nonlinear Phenomena, 1989, 38(1-3): 88-92.

[24] Coppersmith S N, Liu C H, Majumdar S, et al. Model for force fluctuations in bead packs[J]. Physical Review E, 1996, 53: 4673-4685.

[25] Bouchaud J P, Cates M E, Claudin P. Stress distribution in granular media and nonlinear wave equation[J]. Journal De Physique, 1996, 6(5): 639-656.

[26] Wittmer J P, Claudin P, Cates M E, et al. An explanation for the central stress minimum in sand piles[J]. Nature, 1996, 382: 336-338.

[27] Wittmer J P, Cates M E, Claudin P. Stress propagation and arching in static sandpiles[J]. Journal de Physique I, 1997, 7(1): 39-80.

[28] Cates M E, Wittmer J P, Bouchaud J P, et al. Development of stresses in cohesionless poured sand[J]. The Royal Society, 1998, 356(1747): 2535-2560.

[29] Didwania A K, Cantelaube F, Goddard J D. Static multiplicity of stress states in granular heaps[J]. The Royal Society, 1998, 456(1747): 2569-2588.

[30] Cates M E, Wittmer J P, Bouchaud J P, et al. Jamming and static stress transmission in granular materials[J]. Chaos, 1999, 9(3): 511-522.

[31] 张庆武, 蒋亦民, 左静, 等. 不同粗糙度平面上静止颗粒堆底的切应力分布[J]. 科学通报, 2010, 55(4-5): 316-321.

[32] Vanel L, Howell D, Clark D, et al. Memories in sand: Experimental tests of construction history on stress distributions under sandpiles[J]. Physical Review E, 1999, 60(5): 5040-5043.

[33] Geng J F, Longhi E, Behriger R P, et al. Memory in two-dimensional heap experiments[J]. Physical Review E, 2001, 64(6): 116-126.

[34] Luding S. Stress distribution in static two-dimensional granual model media in the absence of griction[J]. Physical Review E, 1997, 55: 4720-4729.

[35] Goldenberg C, Goldhirsch I. Effects of friction and disorder on the quasistatic response of granular solids to a localized force[J]. Physical Review E, 2008, 77: 1-19.

[36] Li Y J, Xu Y, Thornton C. A comparison of discrete element simulations and experiments for 'sandpiles' composed of spherical particles[J]. Powder Technology, 2005, 160: 219-228.

[37] Trollope D, Burman B. Physical and numerical experiments with granular wedges[J]. Geotechnique, 1980, 30(2): 137-157.

[38] Lee I K, Herington J R. Stress beneath granular embankments[C]. Proceedings of the 1st Australia-New Zealand Conference on Geomechanics, Melbourne, 1971: 291-296.

[39] Zhou C, Ooi J Y. Numerical investigation of progressive development of granular pile with spherical and non-spherical particles[J]. Mechanics of Materials, 2009, 41: 707-714.

[40] Majmudar T S, Behringer R P. Contact force measurements and stress-induced anisotropy in granular materials[J]. Nature, 2005, 435: 1079-1082.

[41] Ostojic S, Somfar E, Nienhuis B. Scale invariance and universality of force networks in static granular matter[J]. Nature, 2006, 439: 828-830.

[42] Zuriguel I, Mullin T. The role of particle shape on the stress distribution in sandpile[J]. Proceedings of the Royal Society A Mathematical Physical & Engineering Sciences, 2008, 464: 99-116.

[43] Zuriguel I, Mullin T, Arevalo R. Stress dip under a two-dimensional semipile of grains[J]. Physical Review E, 2008,

77: 1006-1012.

[44] Wang F, Xu J L, Xie J L. Effects of arch structure in unconsolidated layers on fracture and failure of overlying strata[J]. International Journal of Rock Mechanics and Mining Sciences, 2019, 114: 141-152.

[45] Wang F, Jiang B Y, Chen S J, et al. Surface collapse control under thick unconsolidated layers by backfilling strip mining in coal mines[J]. International Journal of Rock Mechanics and Mining Sciences, 2019, 113: 268-277.

[46] Wang F, Xu J L, Chen S J, et al. Method to predict the height of the water conducting fractured zone based on bearing structures in the overlying strata[J]. Mine Water and the Environment, 2019, 38(4): 767-779.

[47] 汪锋, 许家林, 陈绍杰, 等. 松散层拱结构模型及其对覆岩运动的影响[J]. 采矿与安全工程学报, 2019, 36(3): 497-504, 512.

[48] 汪锋, 陈绍杰, 许家林, 等. 松散层拱结构及其对采动覆岩稳定性的影响[J]. 中国矿业大学学报, 2019, 48(5): 975-983.

[49] 汪锋, 陈绍杰, 许家林, 等. 基于松散层拱结构理论的岩层控制研究[J]. 煤炭科学技术, 2020, 48(9): 130-138.

[50] 侯忠杰. 地表厚松散层浅埋煤层组合关键层的稳定性分析[J]. 煤炭学报, 2000, 25(2): 127-131.

[51] 黄庆享. 厚沙土层下采场顶板关键层上的载荷分布[J]. 中国矿业大学学报, 2005, 34(3): 289-293.

[52] 李福胜, 张勇, 许力峰. 基载比对薄基岩厚表土煤层工作面矿压的影响[J]. 煤炭学报, 2013, 38(10): 1749-1755.

[53] 薛东杰, 周宏伟, 任伟光, 等. 浅埋煤层超大采高开采柱式崩塌模型及失稳[J]. 煤炭学报, 2015, 40(4): 760-765.

[54] 杜锋, 白海波, 黄汉富, 等. 薄基岩综放采场基本顶周期来压力学分析[J]. 中国矿业大学学报, 2013, 42(7): 362-369.

[55] 张通, 袁亮, 赵毅鑫, 等. 薄基岩厚松散层深部采场裂隙带几何特征及矿压分布的工作面效应[J]. 煤炭学报, 2015, 40(10): 2260-2268.

[56] 杨科, 刘千贺, 李志华. 厚松散层上提工作面覆岩运移与支架-围岩关系研究[J]. 煤炭科学技术, 2015, 43(10): 12-17.

[57] 侯俊岭, 谢广祥, 唐永志, 等. 厚冲积层薄基岩采场围岩三维力学特征[J]. 煤炭学报, 2013, 38(12): 2113-2118.

[58] 马立强, 张东升, 孙广京, 等. 厚冲积层下大采高综放工作面顶板控制机理与实践[J]. 煤炭学报, 2013, 38(2): 199-203.

[59] 李江华, 许延春, 姜鹏, 等. 巨厚松散层薄基岩工作面覆岩载荷传递特征研究[J]. 煤炭科学技术, 2017, 45(11): 95-100.

[60] 李宏斌, 宋选民, 刘兵晨. 厚松散层覆岩下大采高综采工作面矿压规律研究[J]. 煤炭科学技术, 2013, 41(5): 55-57, 71.

[61] 方新秋, 黄汉富, 金桃, 等. 厚表土薄基岩煤层综放开采矿压显现规律[J]. 采矿与安全工程学报, 2007, 24(3): 326-330.

[62] 左建平, 孙运江, 钱鸣高. 厚松散层覆岩移动机理及"类双曲线"[J]. 煤炭学报, 2017, 42(6): 1372-1379.

[63] 左建平, 孙运江, 王金涛, 等. 充分采动覆岩"类双曲线"破坏移动机理及模拟分析[J]. 采矿与安全工程学报, 2018, 35(1): 71-77.

[64] 左建平, 孙运江, 文金浩, 等. 岩层移动理论与力学模型及其展望[J]. 煤炭科学技术, 2018, 46(1): 1-11, 87.

[65] 左建平, 吴根水, 孙运江, 等. 岩层移动内外"类双曲线"整体模型研究[J]. 煤炭学报, 2021, 46(2): 333-343.

[66] 左建平, 李颖, 李宏杰, 等. 采动岩层全空间"类双曲面"立体移动模型[J]. 矿业科学学报, 2023, 8(1): 1-14.

[67] 李德海, 陈祥恩, 李东升. 厚松散层下开采地表移动预计及岩移参数分析[J]. 矿山压力与顶板管理, 2002, (2): 90-92, 109.

[68] 李德海, 苏美德, 宋常胜. 巨厚松散层下开采地表移动特征研究[J]. 煤矿开采, 2002, 7(3): 50-52, 109.

[69] 李德海, 许国胜, 余华中. 厚松散层煤层开采地表动态移动变形特征研究[J]. 煤炭科学技术, 2014, 42(7): 103-106.

[70] 刘义新, 戴华阳, 姜耀东. 厚松散层矿区地表移动盆地边界角确定方法[J]. 煤矿安全, 2012, 43(9): 47-49.

[71] 刘义新, 戴华阳, 姜耀东. 厚松散层大采深下采煤地表移动规律研究[J]. 煤炭科学技术, 2013, 41(5): 117-120, 124.

[72] 陈俊杰, 邹友峰, 郭文兵. 厚松散层下下沉系数与采动程度关系研究[J]. 采矿与安全工程学报, 2012, 29(2): 250-254.

[73] 陈俊杰, 陈勇, 郭文兵, 等. 厚松散层开采条件下地表移动规律研究[J]. 煤炭科学技术, 2013, 41(11): 91-95, 97.

[74] 程桦, 张亮亮, 姚直书, 等. 厚松散层薄基岩非对称开采井筒偏斜机理[J]. 煤炭学报, 2022, 47(1): 102-114.

[75] 彭世龙, 程桦, 姚直书, 等. 厚松散层底含直覆薄基岩开采地表沉陷预计及特征研究[J]. 煤炭学报, 2022, 47(12): 4417-4430.

[76] 张文泉, 刘海林, 赵凯. 厚松散层薄基岩条带开采地表沉陷影响因素研究[J]. 采矿与安全工程学报, 2016, 33(6): 1065-1071.

[77] 安士凯, 李昱昊, 王晓鹏, 等. 厚冲积层矿区地表移动持续时间预测方法研究[J]. 煤炭科学技术, 2022, 50(8): 24-31.

[78] 王金庄, 李永树, 周雄, 等. 巨厚松散层下采煤地表移动规律的研究[J]. 煤炭学报, 1997, 22(1): 20-23.

[79] 王宁, 吴侃, 秦志峰. 基于松散层厚影响的概率积分法开采沉陷预计模型[J]. 煤炭科学技术, 2012, 40(7): 10-12, 16.

[80] 刘辉, 李玉, 苏丽娟, 等. 松基比对地表变形的影响及厚松散层薄基岩条件的分析与探讨[J]. 煤炭科学技术, 2023, 51(7): 1451.

[81] 徐祝贺, 朱润生, 何文瑞, 等. 厚松散层浅埋煤层大工作面开采沉陷模型研究[J]. 采矿与安全工程学报, 2020, 37(2): 264-271.

[82] 许国胜, 李德海, 侯德峰, 等. 厚松散层下开采地表动态移动变形规律实测及预测研究[J]. 岩土力学, 2016, 37(7): 2056-2062.

[83] 李德海. 覆岩岩性对地表移动过程时间影响参数的影响[J]. 岩土力学与工程学报, 2004, 23(22): 3780-3784.

[84] 孙闯, 徐乃忠, 刘义新, 等. 基于双因素时间函数的松散地层条件下地表点动态沉降预计[J]. 岩土力学, 2017, 38(3): 821-826.

[85] 张亮亮, 程桦, 姚直书, 等. 改进 Knothe 地表动态沉降预测模型及其参数分析[J]. 岩土工程学报, 2023, 45(5):

1036-1044.

[86] 栾元重, 纪赵磊, 崔诏, 等. 基于组合权重的地表下沉系数预测分析[J]. 煤炭科学技术, 2022, 50(4): 223-228.

[87] 李培现. 开采沉陷岩体力学参数反演的 BP 神经网络方法[J]. 地下空间与工程学报, 2013, 9(S1): 1543-1548, 1579.

[88] 徐洪钟, 李雪红. 基于 Logistic 增长模型的地表下沉时间函数[J]. 岩土力学, 2005, 26(S1): 151-153.

[89] 席国军, 洪兴, 邵红旗. 改进 Logistic 函数模型在地表下沉预计中的应用[J]. 煤炭科学技术, 2013, 41(8): 114-117, 128.

[90] 李春意, 赵亮, 李铭, 等. 基于 Logistic 时间函数地表动态沉陷预测及优化求参研究[J]. 安全与环境学报, 2020, 20(6): 2202-2210.

[91] 顿志林, 王文唱, 邹友峰, 等. 基于时间函数组合模型的采空区地表沉降动态预测及剩余变形计算[J]. 煤炭学报, 2022, 47(S1): 13-28.

[92] 王宁, 吴侃, 刘锦, 等. 基于 Boltzmann 函数的开采沉陷预测模型[J]. 煤炭学报, 2013, 38(8): 1352-1356.

[93] 刘林. 淮南潘集地区地表沉降初步研究[J]. 中国矿业大学学报, 1999, 28(2): 165-167.

[94] 王金庄, 常占强, 陈勇. 厚松散层条件下开采程度及地表下沉模式的研究[J]. 煤炭学报, 2003, 28(3): 230-234.

[95] 徐乃忠, 葛少华, 林英良, 等. 山东黄河北煤田地表沉陷规律研究[J]. 煤炭科学技术, 2011, 39(6): 97-101.

[96] 谭志祥, 袁力, 李培现, 等. 徐州矿区地表移动角值参数综合分析[J]. 煤炭科学技术, 2014, 42(5): 88-90, 94.

[97] 戴华阳. 岩层与地表移动变形量的时空关系及描述方法[J]. 煤炭学报, 2018, 43(S2): 450-459.

[98] 高永格, 牛矗, 张强, 等. 厚松散层下采煤地表沉陷特征研究[J]. 煤炭科学技术, 2019, 47(6): 192-198.

[99] 李青海, 张存智, 李开鑫, 等. 巨厚松散层下开采地表下沉的影响因素分析[J]. 煤炭科学技术, 2021, 49(11): 191-199.

[100] 黄松元. 散体力学[M]. 北京: 机械工业出版社, 1993.

[101] 蒋玉川, 徐双武, 胡耀华. 结构力学[M]. 北京: 科学出版社, 2008.

[102] Dinsdale J R. Ground pressures and pressure pro-files around mining excavations[J]. Colliery Engeering, 1935, 12: 406-409.

[103] Dinsdale J R. Ground failure around excavations[J]. Transaction of the Institute of Mining and Metallurgy, 1937, 46: 186-194.

[104] 杜晓丽, 宋宏伟, 陈杰. 煤矿采矿围岩压力拱的演化特征数值模拟研究[J]. 中国矿业大学学报, 2011, 40(6): 863-867.

[105] 缪协兴. 自然平衡拱与巷道围岩的稳定[J]. 矿山压力与顶板管理, 1990,(2): 55-57.

[106] 王永秀, 毛德兵, 齐庆新. 数值模拟中煤岩层物理力学参数确定的研究[J]. 煤炭学报, 2003,(6): 593-597.

[107] Mohammad N, Reddish D J, Stace L R. The relation between in situ and laboratory rock properties used in numerical modelling[J]. International Journal of Rock Mechanics and Mining Sciences, 1997, 34(2): 289-297.

[108] 顾伟, 谭志祥, 李培现, 等. 厚松散层下开采沉陷机理及实践[M]. 徐州: 中国矿业大学, 2014.

[109] Gao F Q, Stead D. The application of a modified Voronoi logic to brittle fracture modelling at the laboratory and field scale[J]. International Journal of Rock Mechanics and Mining Sciences, 2014, 68: 1-14.

[110] Kazerani T, Zhao J. Micromechanical parameters in bonded particle method for modelling of brittle material failure[J]. International Journal for Numerical and Analytical Methods in Geomechanics, 2010, 34(18): 1877-1895.

[111] 刘源, 缪馥星, 苗天德. 二维颗粒堆积体中力的传递与分布研究[J]. 岩土工程学报, 2005, 27(4): 468-473.

[112] 吴侃, 邓喀中, 周鸣, 等. 综采放顶煤表土层移动监测成果分析[J]. 煤炭学报, 1999, 24(1): 23-26.

[113] 刘鸿文. 材料力学[M]. 北京: 高等教育出版社, 2005.

[114] 徐芝纶. 弹性力学[M]. 北京: 高等教育出版社, 2008.

[115] Timoshenko S, Gere J. 材料力学[M]. 胡人礼, 译. 北京: 科学出版社, 1978.

[116] 陈绍杰, 江宁, 常西坤, 等. 采煤塌陷地建设利用关键技术与实践[M]. 北京: 科学出版社, 2019.

[117] 李鸿昌. 矿山压力的相似模拟试验[M]. 徐州: 中国矿业大学出版社, 1988.

[118] Ghabraie B, Ren G, Zhang X Y, et al. Physical modelling of subsidence from sequential extraction of partially overlapping longwall panels and study of substrata movement characteristics[J]. International Journal of Coal Geology, 2015, 140: 71-83.

[119] Ghabraie B, Ren G, Smith J, et al. Application of 3D laser scanner, optical transducers and digital image processing techniques in physical modelling of mining-related strata movement[J]. International Journal of Rock Mechanics and Mining Sciences, 2015, 80: 219-230.

[120] Whittaker B N, Reddish D J. Subsidence Occurrence, Prediction and Control[M]. Amsterdam: Elsevier, 1989: 56.

[121] Li Z K, Liu H, Dai R, et al. Application of numerical analysis principles and key technology for high fidelity simulation to 3-D physical model tests for underground caverns[J]. Tunnelling and Underground Space Technology, 2005, 20(4): 390-399.

[122] Whittaker B N, Gaskell P, Reddish D J. Subsurface ground strain and fracture development associated with longwall mining[J]. Mining Science Technology, 1990, 10(1): 71-80.

[123] Sun T C, Yue Z R, Gao B, et al. Model test study on the dynamic response of the portal section of two parallel tunnels in a seismically active area[J]. Tunnelling and Underground Space Technology, 2011, 26(2): 391-397.

[124] Zhu W S, Li Y, Li S C, et al. Quasi-three-dimensional physical model tests on a cavern complex under high in-situ stresses[J]. International Journal of Rock Mechanics and Mining Sciences, 2011, 48(2): 199-209.

[125] Ren W Z, Guo C M, Peng Z Q, et al. Model experimental research on deformation and subsidence characteristics of ground and wall rock due to mining under thick overlying terrane[J]. International Journal of Rock Mechanics and Mining Sciences, 2010, 47(4): 614-624.

[126] Lee Y J, Bassett R H. Influence zones for 2D pile-soil-tunneling interaction based on model test and numerical analysis[J]. Tunnelling and Underground Space Technology, 2007, 22(3): 325-342.

[127] 黄庆享. 浅埋煤层长壁开采岩层控制[M]. 北京: 科学出版社, 2018.

[128] 张东升, 张炜, 王旭锋. 覆岩采动裂隙及其含水性的氡气地表探测机理研究[M]. 徐州: 中国矿业大学出版社, 2016.

[129] 刘义新, 戴华阳, 姜耀东. 厚松散层矿区采动岩土体移动规律模拟试验研究[J]. 采矿与安全工程学报, 2012, 29(5): 700-706.

[130] 李新元, 马念杰, 钟亚平, 等. 坚硬顶板断裂过程中弹性能量积聚与释放的分布规律[J]. 岩石力学与工程学报, 2007, 26(S1): 2786-2793.

[131] 鲁岩, 樊胜强, 邹喜正. 工作面超前支承压力分布规律[J]. 辽宁工程技术大学学报(自然科学版), 2008, 27(2): 184-187.

[132] 潘岳, 王志强, 李爱武. 初次断裂期间超前工作面坚硬顶板挠度、弯矩和能量变化的解析解[J]. 岩石力学与工程学报, 2012, 31(1): 32-41.

[133] 潘岳, 顾士坦, 戚云松. 周期来压前受超前隆起分布荷载作用的坚硬顶板弯矩和挠度的解析解[J]. 岩石力学与工程学报, 2012, 31(10): 2053-2063.

[134] 汪锋, 许家林, 谢建林. 上覆煤层开采后下伏煤层卸压机理分析[J]. 采矿与安全工程学报, 2016, 33(3): 398-402.

[135] 许家林, 钱鸣高, 朱卫兵. 覆岩主关键层对地表下沉动态的影响研究[J]. 岩石力学与工程学报, 2005, 24(5): 787-791.

[136] 朱卫兵, 许家林, 施喜书, 等. 覆岩主关键层运动对地表沉陷影响的钻孔原位测试研究[J]. 岩石力学与工程学报, 2009, 28(2): 403-409.

[137] 许家林, 王晓振, 刘文涛, 等. 覆岩主关键层位置对导水裂隙带高度的影响[J]. 岩石力学与工程学报, 2009, 28(2): 380-385.

[138] 许家林, 朱卫兵, 王晓振. 基于关键层位置的导水裂隙带高度预计方法[J]. 煤炭学报, 2012, 37(5): 762-769.

[139] 许家林, 王晓振, 朱卫兵. 松散承压含水层下采煤压架突水机理与防治[M]. 徐州: 中国矿业大学出版社, 2012.

[140] 龙驭球. 弹性地基梁的计算[M]. 北京: 人民教育出版社, 1981.

[141] 钱鸣高, 李鸿昌. 采场上覆岩层活动规律及其对矿山压力的影响[J]. 煤炭学报, 1982, 7(2): 1-8.

[142] 钱鸣高. 采场上覆岩层岩体结构模型及其应用[J]. 中国矿业学院学报, 1982, 11(2): 1-11.

[143] 钱鸣高, 张顶立, 黎良杰, 等. 砌体梁的"S-R"稳定及其应用[J]. 矿山压力与顶板管理, 1994, 3: 6-11.

[144] 钱鸣高, 缪协兴, 何富连. 采场"砌体梁"结构的关键块分析[J]. 煤炭学报, 1994, 19(6): 557-563.

[145] 钱鸣高, 赵国景. 老顶断裂前后的矿山压力变化[J]. 中国矿业学院学报, 1986, 15(4): 14-22.

[146] 赵国景, 钱鸣高. 采场上覆坚硬岩层的变形运动与矿山压力[J]. 煤炭学报, 1987, 12(3): 1-8.

[147] Chien M G. A study of the behaviour of overlying strata in longwall mining and its application to strata control[J]. Developments in Geotechnical Engineering, 1981, 32: 13-17.

[148] Wilson A H. The stability of underground workings in the soft rocks of the coal measures[J]. International Journal of Mining Engineering, 1983, 1: 91-187.

[149] 陈绍杰, 郭惟嘉, 王亚博, 等. 深部条带煤柱长期稳定性基础实验研究[M]. 北京: 煤炭工业出版社, 2010.

[150] Suchowerska A M, Merifield R S, Carter J P. Vertical stress changes in multi-seam mining under supercritical longwall panels[J]. International Journal of Rock Mechanics and Mining Sciences, 2013, 61: 306-320.